NHK BOOKS
1255

# 新版 日本人になった祖先たち

## DNAが解明する多元的構造

shinoda ken-ichi
篠田謙一



NHK出版

# はじめに

　近年、古人骨から高精度のＤＮＡデータを得られるようになったことで、人類の起源や拡散の様子を研究する人類学の分野も大きく変わることになりました。本書の初版は２００７年に出版され、幸いなことに版を重ねてきましたが、この分野の研究の驚くべき進歩によって、かなり内容が古くなってきていました。そこで今回、全体にわたって内容を見直し、加筆と訂正を行って、情報をアップデートすることにしました。

　前書では、主としてミトコンドリアＤＮＡの分析から得られた情報をもとに解説しましたが、このあと紹介するように、最近では古人骨からも核ＤＮＡの情報を得ることができるようになっています。日本人の起源に関する、核ＤＮＡを用いた研究は今まさに大きく進展中ですが、本書には、その最新の研究成果もできるだけ盛り込むことにしました。

## 私たちのルーツを求めて――人類学の目指すもの

北海道の最北端に位置する礼文島《れぶん》には10カ所以上の縄文時代の遺跡があります。そのなかのひとつの船泊遺跡《ふなどまり》では、昭和初期に初めて学術的な発掘調査が行われ、その後も小規模な考古学的調査が行われてきました。１９９８年には町の教育委員会によって建設工事に伴う大規模な発掘調査が行われ、縄文時代後期の住居跡や作業場跡や墓などの遺構と、土器、石器、骨角器、貝製品など大量の文化遺物とともに28体の人骨が発見されています。私たちの研究チームは、その中の2体の人骨からＤＮＡを抽出し、次世代シークエンサという、大量のＤＮＡ配列を一度に読み取ることのできるマシンを使って解析を行いました。その結果、そのうちの1体、40歳代の女性（23号人骨）ではその全ゲノムを現代人と同じレベルの精度で決定することができました。

ゲノムというのは、「その人の持つ遺伝子の全体を含むＤＮＡ配列」を指します。ですからゲノムが完全に読めると、その人物に関するさまざまな情報が手に入ることになります。用語や考え方については第1章以降で詳しく説明しますので、そちらを読んでいただいてからの方が理解は深まると思いますが、ここでは23号人骨についてわかったことの概要を述べます。

彼女が女性であることは骨の形の観察からもわかっていましたが、ＤＮＡでも証明されました。男性の持つＹ染色体ＤＮＡが検出されなかったのです。また血液型はA型でした。彼女が父と母から受け継いだＤＮＡの配列同士を比較してみると、互いが非常によく似ていることがわかりました。詳しい解析によって、長い間少人数の集団内での婚姻が繰り返されていたこともわかりました。この遺跡からは南方産のイモガイで作られたペンダントや、新潟県糸魚川《いといがわ》産の翡翠《ひすい》、さらにはシベリアで作られたものと同じタイプの貝玉のアクセサリーなどが見つかっており、礼文島の縄文人が広い地域と交流を持っていたことが示唆されています。このような遺物の交流範囲の大きさから、人々の通婚圏も広がっていたように想像されるのですが、それほどでもなかった、ということになります。実際のところ、ヒトとモノの動きを同一視することはできず、両者が一致する保証はありません。この結果は、ヒトの移動に関しては遺物ではなく、遺伝子を検討しなければならないことを示しています。

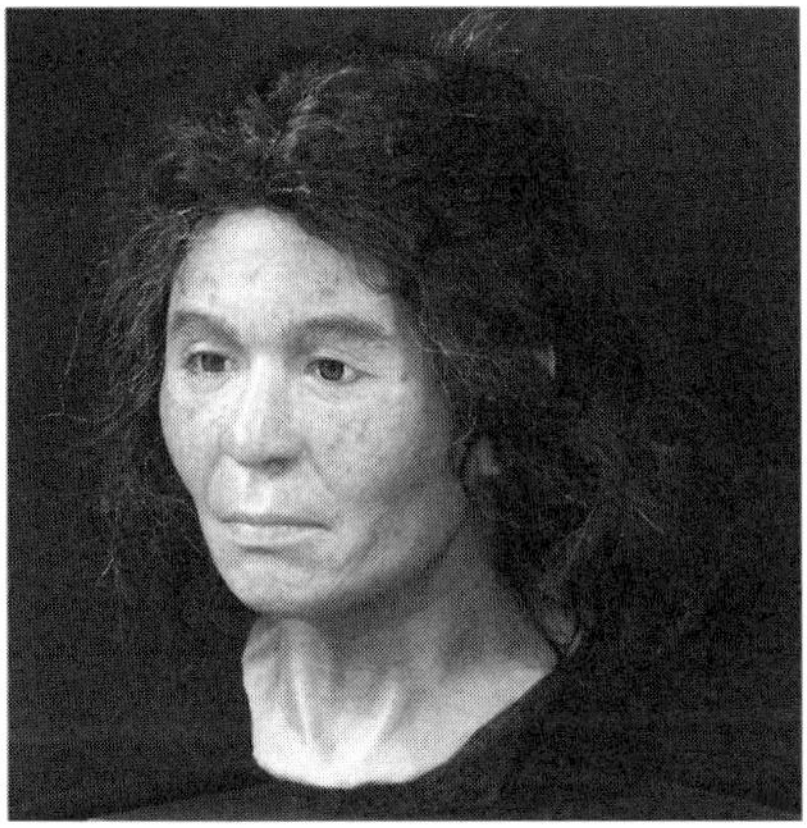

**図0-1　船泊23号人骨の復顔像**
**人骨の骨格にゲノムデータから得られた軟部組織に関する情報を加味して復元された像**

さらに、彼女の姿形に関わる遺伝子の特徴から、人骨の形態からはわからないさまざまな顔の特徴を知ることもできました。図0－1は、その情報をもとに復元されたこの女性の復顔像です。髪は縮れており、虹彩《こうさい》の色は茶色でした。肌の色は濃く、シミのリスクがあることもわかりました。お酒にも強い遺伝子を持ち、身長は高くならないという結果も得られています。実際の骨の観察から、彼女の身長は縄文人のなかでも小さいことがわかっていましたから、その結果は一致しています。成人の身長は、成長期の栄養状態にも依存しますが、この人はもともと高身長になることはできなかったようです。姿形や体質とＤＮＡの関係に関する研究は、いまも猛烈な勢いで進んでいますから、将来的にはＤＮＡの変異に関する新たな知見が付加されていくことで、この復顔像も姿を変えていくことになるでしょう。それは同時にゲノム研究の進歩を示すものになるはずです。

従来の人類学の研究では、発掘された人骨の間の血縁関係や他の集団との系統関係などは、骨のさまざまな部分を計測したり、骨に現れた特徴などを調べて比較することによって推定してきました。日本の人類学者は、明治以来一世紀以上にわたって発掘人骨に対してこのような解析を行ってきたのです。現在では、私たち日本人は、船泊遺跡に埋葬されていたような縄文人と、その後の弥生時代になって大陸から渡ってきた渡来《とらい》系弥生《やよい》人と呼ばれる人たちの混血によって成立したと考えられていますが、このような学説も基本的には骨や歯の形態学的な調査研究の結果、導き出されたものなのです。

一方、骨の形態は、遺伝的な要因と環境要因が複雑に絡み合って決定されるので、系統や血縁関係を調べる場合には骨形態に現れる遺伝的な要素を注意深く読みとる必要があります。しかしながら骨形態の遺伝様式については不明の部分も多いので、骨の形態学的な調査から導き出された結論を評価することは、たいへん難しいのです。高身長になる遺伝子を持っていても、成長期の栄養が足りなければ大きくなることができないという事実からもそれは明らかです。骨の形態学的な研究から得られた結論と歯の形の研究から導かれた結論が異なるものになる場合もあります。これに対し、古人骨に残された遺伝子の本体であるＤＮＡを直接解析することができれば、系統や血縁といった問題に対し比較にならないほど精度の高い情報を得ることができると予想されます。

私たちのＤＮＡには、私たち自身の生物としての歴史が書き込まれています。そのことはもう半世紀ほど前にはわかっていたのですが、最初はそれを解析する手段がありませんでした。しかし、１９７０年代に始まる分子生物学の爆発的とも言える発展は、ついにそのことを可能にしたのです。現在では古人骨に残るＤＮＡの分析すら、日常的に行われるようになってきました。

本書では、主として私が研究しているミトコンドリアＤＮＡ分析と、本書を刊行した後に付け加わった核のＤＮＡ分析によって明らかになってきた、私たち日本人の成り立ちについて紹介しようと思います。まず、現代人のＤＮＡ分析からわかってきたことを説明し、その後で、冒頭で紹介した船泊縄文人などの古代人のＤＮＡ分析の結果が教えてくれることを説明しましょう。

## ＤＮＡと人類学

ＤＮＡを解析する学問を分子生物学と言いますが、20世紀の終わりの10年間に、分子生物学は人類学の分野で二つの大きな貢献をしています。それらはいずれも分子生物学的な研究が人類学の分野で持つ大きな可能性を示したものでした。ひとつは、ミトコンドリアDNAの多様性から導かれた、新人（ホモ・サピエンス）のアフリカ起源説です。これはそれまで主流の学説だった、人類の進化は100万年以上前にアフリカを旅立った原人が各地で独自の進化を進めてそれぞれの地域の新人に移行したという「多地域進化説」を全面的に否定するものでした。新人のアフリカ起源説は、現生人類はすべて20万〜10万年前にアフリカで生まれ、6万年ほど前にアフリカを出て全世界に広がったものだと主張します。この説にしたがえば北京原人やジャワ原人、あるいはネアンデルタール人といった各地の先行人類はすべて絶滅したことになります。従来考えられてきた人類の歴史を根底からくつがえす学説です。

当然のことながら新人のアフリカ起源説は最初からすんなりと受け入れられたものではなく、1990年代を通じて多地域進化説論者との間で激論が闘わされました。新人のアフリカ起源説は発表当初「ミトコンドリア・イブ説」と称されたように、ミトコンドリアDNAの一部領域の分析によって導かれたものでした。解析した個体数も少なく、DNAデータの質も高いものではなかったので、この分野の専門家の間でも結論に疑問を持つ人が多かったのですが、その後、さまざまな遺伝子の解析が進んだ結果、ヒトの遺伝子は他の動物に比べて極端に変異が少ないことが確認され、少なくとも分子生物学の立場からは、私たちの歴史が非常に短いものであるということは確実な状況になっていきました。また、人骨の形態学的な研究からも、新人のアフリカ起源説を支持する意見が多くなり、現在では大多数の人類学者がこの説を支持しています。

人類進化の過程から考えれば私たち現代人が生まれたのは非常に新しい時代であるとするこの学説は、人類学の分野だけではなく社会にも大きな影響を与えるものでした。なぜならこの学説は、いわゆる「人種」というものの歴史の短さをも示しているからです。ヒトの生物学的な分類基準である人種区分は、人類の歴史のなかでいわれのない差別を生む原因となってきました。人種というものに積極的な価値を持たせようとする人の多くは、その成立の歴史が非常に古いものであると捉えていましたから、この学説は、そのような考えの持ち主にダメージを与えるものだったのです。

もうひとつの成果は、ネアンデルタール人の系統に関するものです。20万〜4万年ほど前まで、ヨーロッパから中東の地域に住んでいたネアンデルタール人と私たちの関係については、100年以上にわたって論争が繰り広げられてきました。ダーウィンが『種の起原』を発表する3年前、1856年にドイツ・デュッセルドルフ郊外のネアンデル渓谷《タール》で石灰岩の採掘作業中に発見されたネアンデルタール人骨は、その系統学的な位置について多くの論争を巻き起こしたものの、19世紀末には、私たち新人に先行する人類であることが認められるようになりました。20世紀の初頭には、その原始性が強調され、私たちにはつながらない絶滅した側枝《そくし》であると考えられていましたが、第二次世界大戦を前後して中東でのネアンデルタール人の発見が続き、その考えは大きく変わります。イラクのシャニダールで発掘されたネアンデルタール人の遺体は花を添えられて埋葬されたと考えられ、彼らは現代人と変わらない精神構造をしていたと主張されたのです。その後、彼らは絶滅した側枝ではなく、私たちを生み出すひと世代前の祖先であると捉える、多地域進化説に立脚した考え方が主流となっていきます。新人のアフリカ起源説の立場からは、彼らと私たちには直接のつながりは考えられなかったのですが、この学説が提唱された時点では、ネアンデルタール人自体の遺伝子は解析されていなかったので、分子生物学の立場から結論を出すことができていませんでした。しかし古人骨に残るDNAの分析方法が確立したことによって、1997年、ついにネアンデルタール人骨からのDNA抽出と分析に成功します。そのDNAの解析の結果、彼らは私たちと70万〜50万年前に分かれたグループであることが判明したのです。現代人のDNAを用いて導かれた新人のアフリカ起源説は、その学説が予想したネアンデルタール人と新人の関係を、古代DNA分析の技術によって確実なものにしたのです。

その後、何体かのネアンデルタール人骨からDNAが抽出され、ミトコンドリアDNAの配列が比較されました。いずれもお互いは似ていましたが、私たちホモ・サピエンスのものとは異なっており、新人の祖先ではないとする最初の結果を支持しました。また世界中のホモ・サピエンスのなかに、ネアンデルタール人に由来すると考えられるミトコンドリアDNAがないこともわかってきたので、両者は交わることなく、ネアンデルタール人が滅亡したのだと考えられるようになりました。しかし、この状況を一変させたのが、冒頭で紹介した、縄文人の解析を行う際に使用した次世代シークエンサの登場でした。

2010年、このマシンを使った研究で、クロアチアのビンデジャ洞窟《どうくつ》から発掘された3万

800０年前の3体のネアンデルタール人女性人骨から採取した、40億塩基分のDNA配列の解読が行われました。その結果、サハラ以南のアフリカ人を除く、アジア人とヨーロッパ人にはおよそ2・5％程度の割合で、ネアンデルタール人のDNAが混入していることが明らかとなったのです。そこから、「アフリカで誕生したホモ・サピエンスが、「出アフリカ」を成し遂げた後の「初期拡散」の過程で、ネアンデルタール人との間に交雑があったというシナリオが提示されることになりました。私たちにDNAを残したネアンデルタール人は絶滅したわけではないということになり、21世紀になって定説となりつつあった新人のアフリカ起源説は一部修正を余儀なくされることになりました。

さらに、同じ2010年には、古代DNAの分析によって、もうひとつの特筆すべき発見がありました。ロシアのアルタイ地方にあるデニソワ洞窟の、5万〜3万年前の地層から出土した臼歯と手の指の骨から抽出したDNAが、ネアンデルタール人とも現生人類とも異なる未知の人類のものであるという報告がなされたのです。デニソワ人と呼ばれるようになったこの未知の人類は、形態的な特徴が不明なまま、DNAの証拠だけで新種とされた最初の人類となりました。後の章でふれますが、このデニソワ人も現代人にDNAを残していることが明らかになっています。

このように分子生物学の手法を用いた研究は、広範な現代人DNAの分析と、古人骨にわずかに残るDNAの解析によって、近年人類学の分野で大きな成功を収めてきました。その際に、ヒトゲノム計画に代表される、私たち人間の持つ遺伝子を解析するための努力が、同時に私たちの起源にかかわる研究にも大きな貢献をしたことも見逃せません。分子生物学はここ数十年、人類学だけではなく生物学のあらゆる分野で大きな貢献をしてきました。その最大の功績は、ＤＮＡという、すべての生物に共通の〝文字〟を用いて生命現象を記述することで、これまであった生物学のさまざまな分野の垣根を取り払ったことです。このことによって、生物学の異なる分野で見いだされた知見が学問全体に共有されることになりました。これから紹介する、ＤＮＡを用いた人類の拡散の研究でも、生物学の他の分野でなされた発見が問題の解決に大きな役割を果たしているのです。

かつては、ヒトの由来や本性に関する問題は、宗教や人文科学の研究の範疇《はんちゅう》に属するものでした。しかし19世紀のダーウィンの進化論以降、自然科学がその解明に大きな役割を果たすようになっています。「我々はどこから来たのか」という問題は、現在ではＤＮＡ研究の成果なしには解くことができないものになっています。

なお、本書の執筆の根底には、これまでの人類の歩みを振り返ることは、将来を見通す際に意義があるという問題意識があります。本書を読まれた皆さんには、現在の科学が〝日本人への旅〟の過程をどのようなものとして描き出しているのかを知っていただければと思います。それは、将来の私たちの社会を考える際にも必須の知識であるはずなのです。

目次

校閲　猪熊良子
DTP　㈱ノムラ

# 第1章
# 遺伝子から私たちのルーツを探る

## 遺伝子はどのように受け継がれるか

ＤＮＡ研究が明らかにした私たちのルーツの説明を始める前に、まず簡単に言葉の解説をしておきましょう。ＤＮＡ研究の話をするとき、どこから説明するか悩むことが多いのですが、ここではヒトの進化を語る上で、どうしても外せない概念についてだけ説明することにします。

まず「遺伝子」という言葉の説明から始めましょう。遺伝子は、私たちの体を構成しているさまざまなタンパク質の構造やそれが作られるタイミングを記述している〝設計図〟です。この設計図は、同時に自分自身を複製する機能も持っています。現時点では、私たちの体を作るためにおよそ2万2000個の遺伝子があることがわかっています。この設計図を書いている〝文字〟にあたるものがＤＮＡです。ＤＮＡはデオキシリボ核酸という化学物質の略号ですが、その文字は全部で4種類しかありません。この4種類の文字は総称して「塩基」という特別の名称で呼ばれます。その3文字分が1組になって、20種類あるアミノ酸というタンパク質をつくる物質に対応しています。そのためDNAの配列はアミノ酸の並ぶ順序、すなわち様々なタンパク質をつくる設計図として機能します。また、DNAは、複製を作るために2本の鎖状の構造を取っていて、特定の塩基がペアになって存在するので、通常はその連鎖のことを「塩基対」という言葉を用いて表現します。

ヒトの持つDNA全体は、約30億塩基対もの長さになります。設計図なのですからさぞやキチンと書かれているかと思うのですが、実際にはそうではなく、働きがわからないDNA配列が大量に存在しています。全体の45%は、別の位置に転移することのできるDNA配列であるレトロトランスポゾンと、その残骸などに由来する反復配列から構成されています。そのため設計図として直接タンパク質を指定している部分は、わずか1.5%程度であり、遺伝子発現の調節を行っている部分を含めて、何らかの機能を持つと予想されるDNA配列は、今のところ40%程度しかありません。しかしそこに本当に意味が無いのか、あるいは私たちが理解できていないだけなのかは、現時点ではわかっていません。明確なのは、私たちは自分自身が持つDNAについて、それほど多くのことを知っているわけではないということです。

ゲノムという言葉もよく使われるようになりましたが、これはヒトひとりを構成するのに必要な遺伝子の最小限のセットを指す名称です。ゲノムはヒトひとりを作るための遺伝子の総体で、その遺伝子を記述しているのがＤＮＡという関係になります。私たちの体は遺伝子の指示によって形作られ、体内で行われている複雑な化学反応も遺伝子の指令によって制御されています。さまざまな個人差、たとえば顔かたちの違いから病気への抵抗力や薬剤の効き方までも、遺伝子が規定していると考えられています。その総体がゲノムというわけです。ところで、ゲノムを最小限のセットと言ったのには意味があります。実は私たちは両親から1セットずつのゲノムを受け取っているので、2人分の設計図を持っているのです。2組の遺伝子をうまく制御してひとりの人間が形作られます。

子供が生まれるときのことを考えてみましょう。私たちは自分が持っているこの2人分の遺伝子をシャッフル（組み換え）して1セットのゲノムを作り、配偶者のゲノムとあわせて2セットにして子孫に伝えることになります。ですから、私たちは遺伝子の流れから見れば、それぞれの遺伝子について、2組持っている設計図からどちらかひとつを選んで新しい組み合わせの遺伝子セットを作り、それを子孫に伝えるという作業をしていることになります。遺伝子の流れから見た個人の役割というのは、このシャッフルの作業をすることにあります。この重要な作業は、卵子や精子といった生殖に関係する細胞を作るときに行われます。

## ＤＮＡの変異を利用する個人鑑定

私たちの体は、およそ37兆個の細胞からできていますが、赤血球などの、ＤＮＡを失った細胞を除くと、核と呼ばれる構造の中にこのゲノムのセット（核ゲノム）が格納されています。体の設計図というと、体のどこか１カ所に大切に保存されているようなイメージがありますが、実際は莫大な数のコピーが存在していることになります。体を作る細胞は分裂と死滅によって常に入れ替わっていますので、そのたびにＤＮＡも複製されていきます。この複製の機構はたいへん巧妙にできていて、ほとんど間違いを起こさずにもとのＤＮＡの塩基配列をコピーしていくのですが、稀《まれ》に、その過程で間違って複製してしまうことがあります。これを突然変異と呼びますが、体の細胞でそれが起こると癌《がん》などを引き起こす原因になることもあります。一方、精子や卵子などを作る生殖系列の細胞に起こった突然変異は、子孫に受け継がれることになります。

この突然変異の結果を利用しているのがＤＮＡ鑑定です。ＤＮＡ鑑定は、身元がわからない人の特定や、親子関係の確定などによく利用されるので、新聞やテレビでもよく聞く言葉になりました。それが可能なのは、同じヒト集団のなかでも、突然変異によってＤＮＡの配列が集団の中で変化して、さまざまなタイプが生じているためなのです。

親子関係を判定するためには、親と子が同じＤＮＡ配列を持ち、しかも他人とは異なっていなければなりません。ＤＮＡの配列は私たちの体を作る設計図ですから、実はその大部分は人類全体で共通なのです。ですからたいていの遺伝子は両親が同じものを持っています。でもヒトのＤＮＡをよく調べると、ＤＮＡ配列が突然変異を起こして他人と変わっている部分があります。変化を起こした当人とその親では、その部分のＤＮＡ配列は違ってしまいますが、それ以降の子孫たちは変化を起こしたＤＮＡを持つことになりますから、他の人たちとは区別できることになります。私たちのＤＮＡにはこうした変化を起こしやすい場所がいくつもあるので、結果的にさまざまなタイプが生まれています。研究者はそういうＤＮＡの配列部分を調べて、鑑定を行っているのです。

私たちが日常の会話で遺伝子とかＤＮＡという言葉を使うとき、たとえば「創業者のＤＮＡが生きている」とか「ものつくりのＤＮＡ」などと言うときには、ＤＮＡは代々変わらずに、そのまま受け継がれ、同じような形で発現していくもの、というイメージを持っています。それが私たちの持っている「家」とか「血筋」といったイメージと重なって、ＤＮＡは代々特定の家系に伝わる「秘伝の書」のようなものだと受け取られています。しかし先に説明したように、実際の遺伝の様式は、両親から半分ずつを受け取るのですから、一子相伝《いっしそうでん》に伝えられるようなものではありませんし、ＤＮＡの発現は環境にも影響されて変化するものであることが最近の研究で明らかになっています。この、ＤＮＡの変化によらない遺伝子発現を制御・伝達するシステムをエピジェネティクスと呼び、近年盛んに研究が進められています。ＤＮＡを交響曲の楽譜に例えれば、エピジェネティクスは指揮者とオーケストラに相当します。もとの楽譜がまったく同じでも、演奏が指揮者や演奏者の解釈によって毎回異なったものになるように、ヒトの体もゲノム情報という楽譜によって体内での反応が進行するものの、その過程でさまざまな環境要因が変化を付け加えるのです。よく言われる「氏」か「育ち」かといった二項対立的なものの考え方というのはあやまりで、遺伝子と環境の複雑な相互作用でヒトが形作られていくのです。ですから、変わらずに家系に伝えられる情報という意味でDNAという言葉を用いるのは間違っていることがわかるでしょう。そもそも生物学的な概念であるDNAや遺伝子を、私たちの社会が持つ概念である血筋や家系のアナロジーで語ることはできません。人々に誤解を与える、このような言葉の使い方は、やめるべきでしょう。

最近では、DNA分析によって人類の歴史を記述した書物も増えてきました。そのなかには私たち自身の祖先が一本道でたどれるような誤解を与える書き方をしたものもあります。よく読むと特定の遺伝子の道筋を説明しているだけで、決して「家系」をたどったものではないということがわかるのですが、DNAの系統と血縁を混同していると、私たち自身の由来について誤解することになります。書き手の側にも注意が必要です。

## 遺伝子から見た「私」

それでは、そもそも個人と遺伝子の関係はどう捉えるべきなのでしょうか。遺伝子から見た「私」

というのは何なのか、という問題について考えてみましょう。先に述べたように、私たちの持つ多くの遺伝子は全人類で共通ですが、なかには「多型《たけい》」と呼ばれる変異型を持つ遺伝子が存在します。これは遺伝子が突然変異によってオリジナルと異なったＤＮＡ配列を持つようになり、少し違うタイプのタンパク質を作り出すようになったものです。変異型がたくさんある遺伝子では、同じヒト集団の中でも、色々なタイプのタンパク質が作られることになります。専門用語では、この同じ種類の遺伝子なのにさまざまなタイプを持つものを総称して「対立遺伝子」と呼んでいます。私たちにおなじみのＡＢＯ式血液型も、細胞の表面に発現するある種のタンパク質を作る遺伝子にさまざまなタイプがあるために生み出されているものなのです。特定の薬剤に対する耐性を決めている遺伝子に多型があると、個人が持っている対立遺伝子の型によって、薬の効き方などが変わってきたりします。私たちは対立遺伝子を持つすべての遺伝子で、いくつかあるタイプのなかからひとつを選んで人体を構成しているので、おそらく一卵性双生児を除けば、完全に同じ遺伝子の組み合わせを持つ他人はいないでしょう。

この対立遺伝子の組み合わせの総体が、他人とは違う、私たちの持つさまざまな特徴を生み出しているのです。つまりこの組み合わせが、遺伝子から見た私たちの個性、あるいは他人と異なる私たち自身の本質ということになります。それでは、この組み合わせ（個性）はどのようにして形成されるのか考えてみましょう。数百年前には、今の『私』を作っている遺伝子の組み合わせ」は影も形もなかったでしょう。将来「私」を作ることになる遺伝子は、バラバラになって集団のなかに散らばっていたはずです。それが世代を経ていくことで集団のなかで徐々にそろっていき、両親の配偶子、つまり卵と精子の結合によって完成されることになります。

そして「私」において結実したこの組み合わせは、たとえ子孫を残したとしても世代を経るにつれて徐々に散逸《さんいつ》し、数十世代もすれば集団のなかに跡形もなく散らばってしまうのです。つまり遺伝子から見れば、私たちの個性は前後数百年の寿命しか持たないものということになります。子孫を構成する遺伝子の組み合わせは、長い年月の間に祖先とはまったく異なるものになってしまうので、数百年も続く血統というのは遺伝子から見ればほとんど何の意味も持たないということにもなります。実際の私たちは、このように結実した遺伝子の組み合わせの上に、胎児期から続く環境要因の影響と、それとの相互作用によって引き起こされる遺伝子の発現、さらには個人の経験が中枢神経や免疫系に蓄積されて作り上げられているのです。個人そのものは、歴史と環境のなかで生まれた唯一無二のものなのです。

こう考えていくと、「私個人のルーツ」を一本道で追求するということは、実際にはできないということがわかります。私自身を構成する数多くの遺伝子ひとつひとつが、膨大な数の祖先からいずれかの経路によって伝わってきているので、たくさんのルーツを持っているのです。私のルーツを追求する上で大切なのは、私自身を生んだ集団全体の起源ということになるのです。

## 祖先をさかのぼるということ

個々の遺伝子がどのように伝わるかを、自分からさかのぼるかたちで考えてみると、個人のルーツを探るのが難しいということが別の角度からわかります。私たちは両親から半分ずつのDNAを受け取っているのですから、祖父・祖母の世代から受け取るDNAは、各個人について4分の1となります。ところで単純に計算しても20世代もさかのぼるとその数は2の20乗となり、私たちには100万人を超える祖先が存在することになります。これは1世代を25年で計算しても、たかだか500年ほどの話なのですが、この程度さかのぼっただけで祖先の数は数万個と言われる遺伝子の数を凌駕《りょうが》してしまいます。したがって私たちには、自分に遺伝子をまったく伝えていない莫大な数の祖先が存在しているということになります。個々の遺伝子は世代ごとのシャッフルによってランダムに伝わっていくのですから、今、「私」が持っている遺伝子を解析しても、私の祖先すべてについて知ることはできないということがおわかりだと思います。あくまで集団としてルーツを追求する必要があるのです。

ところでこのような説明をすると、祖先が無限に増えていき、いつかは地球の総人口を越えてしまうということに気が付かれると思います。この話のどこに矛盾があるのでしょうか。実は祖先をさかのぼるとき、私たちの両親は2名ですが、祖父母が4人と考えるところに、すでに落とし穴があるのです。両親が同じ親から生まれていると、子どもから見る祖父母は2人になります。

このようなことは実際にはありそうもないことですが、たとえば両親がいとこ同士の場合は、祖父母は四人なのですが、その1世代前の曾祖父母は全部で6人となります。ですから祖先の数は世代と共に倍々で増えるわけではないのです。過去における人口を考えると、私たちの歴史のなかでは、このようにある程度血縁関係のある男女同士の結婚は予想以上に多かったのだと考えられます。本書の冒頭で紹介した船泊遺跡の縄文人も、両親から受け継いだ遺伝子同士はよく似ていました。比較的近親者間での婚姻が続いていたのでしょう。ただし、一般には私たちの社会では近親婚を避けるシステムが備わっていますから、それでも系統をさかのぼっていけば、祖先の数は膨大なものになることは間違いありません。

## DNAで系統をたどる

個々の遺伝子の系統を特定の血縁で追求することは事実上不可能だということがおわかりだと思います。しかし、実はすべてのDNAが組み換えによる伝達様式を持つのではなく、親の持つDNAがそのまま子孫に伝わるものも存在します。それが母から子どもに伝わるミトコンドリアのDNAと、男性に継承されるY染色体を構成するDNAなのです。この二つは、少なくとも自分にそれを伝えた系統をさかのぼることができるので、ルーツ探しの道具としてよく使われます。この場合、以下のような方法が用いられます。

ミトコンドリアDNAやY染色体で、自分のDNAを他人と比較すると、違っている部分が多い人や少ない人がいることがわかります。これは先に述べたように私たちの持っているDNAが突然変異によって時間とともに変化を蓄積しているためです。祖先をさかのぼっていくと、先に違いの少ない人との共通祖先にたどりつくことになります。こうしていろいろな人同士のDNAを比べることによって、共通の祖先が持っていたタイプから今ある変異がどのような順番で分かれていったかが推定できます。つまり最初に誕生した人類全体の祖先から、今の私たちがどのように分かれてきたのかを知ることができるのです。突然変異がどの程度の時間的な間隔で起こるのかは、化石の証拠とあわせて考えることによって推定されていますので、それぞれの分岐がいつ頃起こったのかを知ることも可能です。また最近では、次世代シークエンサが実用化したことで、親子のすべてのDNA配列を調べて比較し、1代の間でどのくらいの突然変異が起こっているのかを調べる研究も始まっています。このデータが蓄積してくると、世代間での平均の突然変異率を求めることができるので、化石の証拠に頼らない独自の分岐年代測定が可能になると考えられています。形の研究では、その変化がいつ起こったのかは、証拠となる化石が見つからないと知ることはできませんが、遺伝子の場合は現代人だけを調べても、そこに至る変化がどのような順番で、どの時期に起こったのかを推測することができるのです。これも人類学におけるDNA研究の優れた点です。

ミトコンドリアのDNAは構造が比較的単純なので、1980年代から研究が続けられたことで、全世界の人のデータがかなりそろっています。一方、Y染色体の方は21世紀になって研究が進みました。世界中の人が持っている変異の全貌が明らかになりつつある段階です。

## 分子人類学の誕生

現在では普通に行われるようになった人類のDNA分析ですが、そこに至るまでには、さまざまな研究の蓄積があります。人類学の分野における遺伝学的な研究は、タンパク質の多型解析などの生化学的な分析が可能になった1960年代からスタートしました。その頃は抗原抗体反応を使って異なる霊長類の近縁関係を類推したり、血液中に含まれるタンパク質の多型を、タンパク質の大きさの区別ができる電気泳動法によって解析して、ヒトの集団を分析するといった研究が行われました。

DNAの解析技術は1970年代の後半から飛躍的に進み、人類遺伝学的な研究は、この時期に一挙にDNAレベルでの解析に移行しました。80年代には、制限酵素という特定の短い（主として4～6）塩基の配列を認識して切断する酵素を使い、その切断パターンの違いによって変異を検出する方法が研究の主流となりました。この方法は比較的簡単にできるので、多数の検体を扱うことができましたが、特定の塩基配列の相違の検出しかできませんから、結論も限定されたものにならざるをえませんでした。90年代になると、直接、塩基配列を決定して比較する方法が取られるようになりました。しかし初期には放射性同位元素を用いるオートラジオグラフィーで写し出された電気泳動像の縞模様をマニュアルで読んでいくという原始的な方法をとらざるをえませんでしたので、数多くの試料を解析することは非常に困難でした。その後、ヒトゲノム計画の遂行にあわせて、DNA解読の多くの過程が自動化され、それによって短期間で数多くの試料を解析することが可能になりました。

1990年代にはレーザーを使った塩基配列の読み取り装置（シークエンサ）が広く普及しましたが、ヒトゲノム計画でひとり分のゲノムを解読するのに13年の月日と莫大な費用がかかったことからもわかるように、大量のヒトゲノム情報を取得するためには抜本的な技術革新が必要なことは明らかでした。それを実現する技術が、本書の冒頭で説明した次世代シークエンサに結実しています。絶え間のない技術革新の結果によって、分子生物学は、生物学のあらゆる分野に多大な影響を与え、研究方法を一変させてきました。そして、人類学の分野でも、DNA研究によって私たちの由来や集団の系統関係を推定する分子人類学が誕生することになりました。

なお、古代遺物に解析可能なかたちでDNAが残されているということは、1980年代になって、100年ほど前に絶滅した動物の毛皮からDNAが抽出され、ミトコンドリアDNAの一部の配列が決定されたことで証明されました。さらに、微量なDNAを増幅するPCR法（後述）の開発をはじめとする分子生物学の技術革新によって、古代試料のDNA分析はその応用例を増していき、90年代には、遺跡から発掘された人骨のDNA分析が盛んに行われるようになりました。同時に、現代人に対する研究も進み、その多様性をもとにした人類の起源に関する研究がさまざまな遺伝子を使って行われるようになっています。このことは後の章で詳しく述べることにしましょう。

## 「スモール・イズ・ビューティフル」

これまで行われてきた、ヒトのルーツをDNAから探る研究の多くは、ミトコンドリアDNAを解析の対象としていて、今日では世界中の人類集団について充分な量のDNAデータが蓄積されています。本書でも、ミトコンドリアDNAの研究から明らかとなった私たち日本人のルーツについての話を多く取り上げています。そこで最初に、ミトコンドリアDNAの構造を解説し、なぜミトコンドリアDNAが解析の対象として選ばれるのか、その利点と制約が何なのかを明らかにしておくことにします。

このDNAは、細胞質のなかにあるミトコンドリアという、エネルギーを生み出す小器官のなかに存在しているのですが、面白いことに核のDNAが原則としてひとつの細胞に2セットしか存在しないのに、ミトコンドリアDNAはひとつのミトコンドリアに複数個含まれています。また、ミトコンドリア自体がひとつの細胞に数百個、心臓の筋肉細胞や肝臓の細胞のようにエネルギーを大量に必要とする細胞だと数千個も含まれていますので、体のなかには核のDNAよりずっと多くのコピーが存在しているのです。

ヒトのミトコンドリアDNAの模式図を図1－1に示しました。ミトコンドリアDNAは、DNAが直線状につながった核DNAとは異なり、約1万6500の塩基対が環状になった構造をしています。核のDNAでは、遺伝情報として読み取られるエクソンという部分がゲノム全体の1・5％程度しかないのですが、この図を見るとおわかりのように、ミトコンドリアDNAにはほとんど無駄な部分がなく、遺伝子をコード（記述）している配列の間にイントロンと呼ばれる介在配列を持つ核DNAとは構造が異なっています。核のDNAは、およそ30億塩基対の長さを持ちますから、ミトコンドリアDNAはその18万分の1の大きさしかありません。ヒトのミトコンドリアDNAの全塩基配列は1981年に決定されたのですが、その報告が載っ

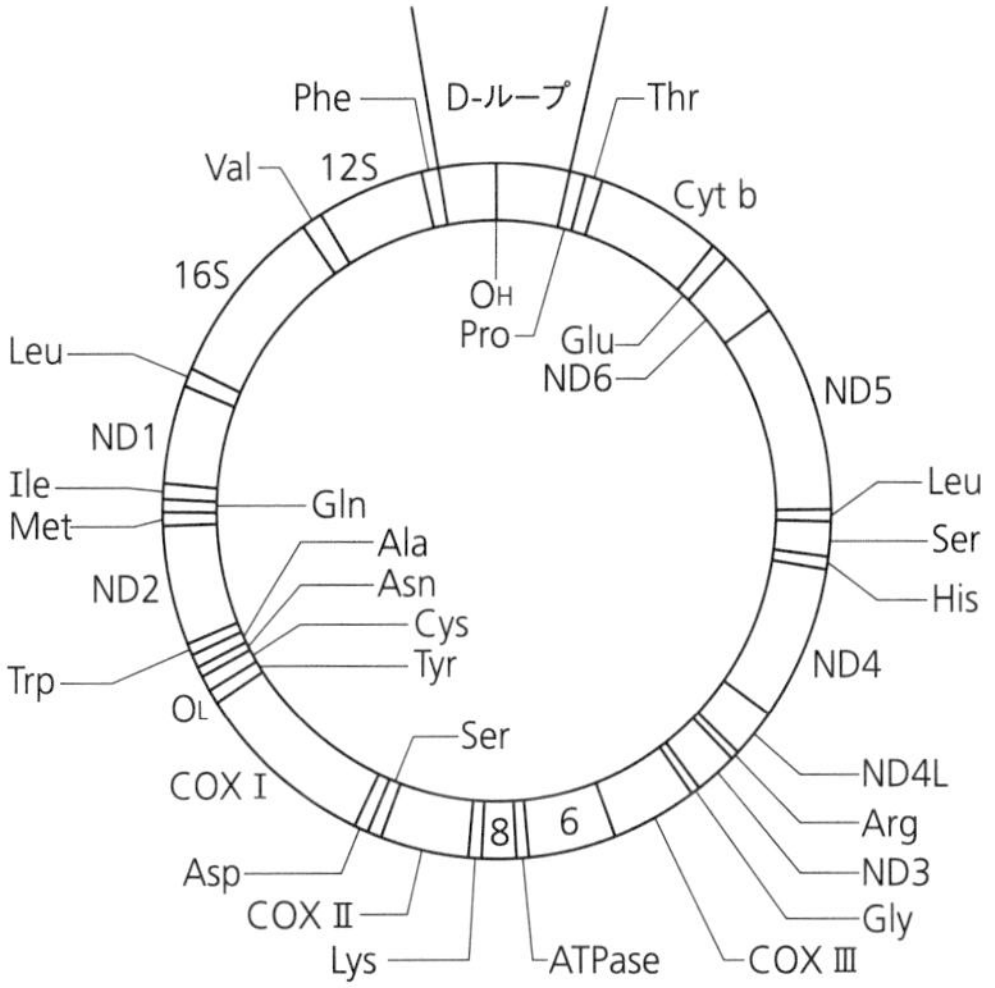


**図1-1　ヒトミトコンドリアDNAの構造**

ミトコンドリアDNAは環状構造をとっている。それぞれの遺伝子の略号は以下の通り。2種類のリボソームRNA遺伝子（12Sと16S）、13種類のタンパク質（ND1～ND6, Cyt b, COX I～COX III, ATPase 6, 8）、アミノ酸の略称で示した22種類のtRNA。一番上は最大のノンコード領域であるD-ループ領域を示している

た英国の科学雑誌『ネイチャー』の解説記事には、「スモール・イズ・ビューティフル」というタイトルが付けられていました。コンパクトにまとまって、ほとんど無駄な領域のないミトコンドリアDNAの特徴をうまく言い表わした表現でした。

ミトコンドリアDNAが記述しているのは13種類のタンパク質、2種類のリボソームRNA、22種類のトランスファーRNAです。ただし、ミトコンドリアで機能するタンパク質は数百種類あると言われていますので、それらのタンパク質の設計図は、大部分がミトコンドリアDNAではなく、核のDNAのなかに書き込まれていることになります。現在では、長い進化の時間のなかでもともとミトコンドリアDNAにコードされていたそれらの情報が、核の遺伝子のなかに移動していったのだろうと説明されています。なお、ミトコンドリアはもともと別の生物だったものが、宿主の細胞に飛び込んで共生するようになったと考えられています。長い年月のうちに宿主細胞の一部となり、エネルギーの産生を一手に引き受けるようになったのです。

## ヒトのミトコンドリアDNA解析の歴史

1981年、あらゆる生物のなかで最初に全配列が決定されたミトコンドリアDNAは、ひとりのヨーロッパ人のものでした。この塩基配列がヒトのミトコンドリアDNAの標準配列としてDNAデータバンクに登録され、これ以降に決定された塩基配列は、この標準配列と比較してどの部分が異なる、という形で報告されるようになりました。塩基配列の決定は当時の技術水準では非常に困難な作業でしたので、その後長らく、ひとりの人間の持つミトコンドリアＤＮＡの全塩基配列を決定する仕事は行われませんでした。しかし、ヒトミトコンドリアＤＮＡの部分的な塩基配列が多数報告されるようになると、最初に報告された塩基配列には、他には見られない珍しい変異がいくつかあることが指摘されるようになりました。そこで１９９９年にもう一度、最初の材料を使ってＤＮＡ配列の決定をやり直すことになりました。その結果、オリジナルの配列は11カ所で誤りがあることが判明したのです。現在では、この修正版が、いろいろなヒトのデータを比較する際の基準として採用されています。

人類集団が持つミトコンドリアＤＮＡの多様性を探る研究は、最初は、先に述べた制限酵素を使いました。全塩基配列が決定されたことで、制限酵素が認識する配列部位がミトコンドリアＤＮＡのどの部分にあるかわかるようになりました。制限酵素の認識部分に変異があると酵素による切断を受けないので、酵素で処理した後のＤＮＡ断片を電気泳動すると、変異を持つものと持たないものを、長さの違いで区別することができます。１９８０年代の初めから、さまざまな制限酵素を使って、世界中の人々がどのような変異を持っているかを調べる研究が進められました。もちろん、ＤＮＡの配列のなかには、制限酵素で認識できない部分にも変異はあるのですが、この方法ではそのような変異を検出することはできません。はじめから方法としては欠点があったのですが、この時代の技術水準では、それも仕方がないことだったのです。

80年代には、ミトコンドリアDNAのなかに、特定の塩基配列が欠損するタイプの変異も見つかりました。たとえば、COXII遺伝子とリジントランスファーRNA遺伝子に挟まれた領域（図1－1のCOX IIとLysの間、region Vと呼ばれる部分）には「CCCCCTCTA」という9塩基の配列が2回繰り返されている部分があるのですが、人によってはこの9塩基の繰り返しがなく、ひとつ分が欠損している場合があることがわかりました。

ミトコンドリアDNAの多様性に関して、最初に研究が行われたのはアメリカ先住民の集団でした。その結果、彼らがミトコンドリアDNAの制限酵素切断パターンとregion Vの9塩基欠損とによって大きく4つのグループに分けられることがわかったのです。それぞれのグループにA～Dの記号が付けられました。このグループのことを、専門用語で「ハプログループ」と呼びます。ハプロというのは「単一の」という意味で、両親のどちらか一方から受け取るDNAについて用いられる学術用語です。ミトコンドリアDNAは母親からのみ受け継がれるので、この用語が使われています。

ミトコンドリアDNAが持つルーツを追求する道具としての利点は、それが母系にのみ受け継がれていく点にあるということを先に指摘しました。最近では、例外があることも知られていますが、ミトコンドリアDNAが母系にのみ伝わるメカニズムについての研究も行われており、現在では卵子のなかには精子から入ったミトコンドリアを積極的に排除する機構が存在するということがわかってきています。母系の相続のみを考察すればよいので系統を単純化して考えることができるのですが、一方、ルーツを探る上での問題点として、父系の遺伝的な解析ができないということが挙げられます。ミトコンドリアのＤＮＡを解析している限りこの問題は解決されないので、そのためには父系に遺伝する核の遺伝子であるＹ染色体上の領域を解析する必要があります。

## 父系から息子に受け継がれるＹ染色体ＤＮＡ

Ｙ染色体ＤＮＡの研究からは、男性がたどった道筋がわかるのですが、男女が一緒に移動すれば、ミトコンドリアＤＮＡの分析で明らかとなった拡散の経路と同じものが描き出されることが予想されます。しかし実際には両者が描き出す経路は完全に一致しているわけではありません。そこにはまだ考えなければならない問題が残っています。

そのことを説明する前に、手短に染色体の説明をしておきましょう。染色体というのは、簡単に言うと遺伝子をまとめて収納する入れものです。体の設計図である遺伝子は、ミトコンドリアＤＮＡを除いて核のなかに存在しています。全部で２万２０００個ほどあると言われる遺伝子は、バラバラになって核のなかに入っているわけではなく、染色体のなかにグループになって収納されているのです。大きい染色体では３０００個くらい、小さいものでも数百個の遺伝子をまとめて収納しています。ヒトには全部で23種類の染色体がありますが、実際には両親から１セットずつを受け取っているので、ひとつの細胞のなかにその2倍の46本の染色体が存在しています。このうち22種類までは男女で同じものを持っています。同一の染色体ペアのことを相同染色体と呼びます。つまり私たちは22種類の相同染色体を持っているのです。しかし残りの1組は男性と女性で構成が異なっています。女性はX染色体をペアで持っているのですが、男性はX染色体とY染色体という形の違う染色体を持っています。Y染色体は男性を作る遺伝子を含んでいるので、受精卵はこの染色体を持つと男性になるのです。X染色体とY染色体は性染色体と呼ばれます。

生殖細胞が作られるときには、減数分裂という特殊な細胞分裂が行われ、精子と卵子は1組の染色体のセットを持つことになります。男性はX染色体とY染色体を持っているので、精子にはX染色体を持つものとY染色体を持つものができますが、母親が作る卵子は常にX染色体を含むことになります。受精の際にY染色体を父親から受け取ると、子供はXとYの染色体を持つことになり男性になります。一方、X染色体を持つ精子が受精すると、受精卵にはX染色体が2本そろって女性になります。

Y染色体は男性の系統に受け継がれるのですから、男から見れば何か〝偉い〟染色体であるかのように思えます。しかし、X染色体には1000個ほどの遺伝子が含まれているのに対し、Y染色体上に存在する遺伝子は70個あまりで、遺伝子全体の0・2%を占めるだけです。しかも最近の研究では、それほど重要な働きをする遺伝子は存在しないことがわかってきています。最大の機能は言うまでもなく男性を作る作用なのですが、その部分は非常に小さく、1000塩基対程度しかありません。Y染色体の大部分は意味のないDNA配列の羅列で埋められていて、実情はそれほど威張れるものでもないようなのです。ことさら男子の系統を大切にしようとする風潮は、DNAから見れば何か滑稽な感じすらします。男性はX染色体を1本しか持たないので、このなかに含まれている遺伝子に異常があると、女性と違ってスペアがありません。おかげでX染色体に含まれる遺伝子の病気は、多くの場合、男性にだけ発現することになります。

## Y染色体DNA分析の利点と難点

前述したように、精子が持っていたミトコンドリアDNAは受精の際に破壊されてしまい、子孫に伝わることはありません。ですから、各自の持つミトコンドリアDNAはその性別にかかわらず母親と同じになります。一方、Y染色体を引き継いだ受精卵は男になるので、結果的にY染色体は父親から息子へと受け継がれていきます。相同染色体同士は、組み換えと呼ばれる遺伝子のやりとりをしますが、X染色体とY染色体の間では、ごく一部の領域を除いて遺伝子の交換は行われません。ですから、そのメカニズムは違うものの、Y染色体もミトコンドリアDNA同様、組み換えによる変化をせずに子孫に伝えられます。このような理由で、ミトコンドリアDNAと同じようにY染色体のDNAも系統を追求する研究に適しているのです。

Y染色体を用いた系統の研究は、ミトコンドリアDNAの研究よりも遅れていました。サンプルを集めるときに、ミトコンドリアＤＮＡであれば男女いずれからも採取できるのに、Ｙ染色体のサンプルは男性からしか収集できないというハンディもありますが、研究が遅れた最大の理由は、ミトコンドリアＤＮＡが１万６０００塩基対程度の大きさしか持たないのに対し、Ｙ染色体は他の染色体に比べれば小さいとはいえ、５０００万塩基対もの長大なものだからです。核のＤＮＡはミトコンドリアＤＮＡに比較すると突然変異を起こす確率が10分の１程度なのですが、そもそも長さが３０００倍ほどもあるのですから、人類の共通祖先の誕生以来、Ｙ染色体のＤＮＡには多量の突然変異が蓄積されていることが予想されます。しかし、その変異はＹ染色体のなかにランダムに散らばっているので、すべてを探し出して系統関係を明らかにすることは難しいのです。ミトコンドリアＤＮＡのように小さなＤＮＡですら、多数のサンプルから全塩基配列を決定して、その系統関係が詳細に記述できるようになったのは21世紀になってからのことでした。それを考えれば、Ｙ染色体ＤＮＡの系統に関して全塩基配列をもとにしたハプログループの体系の整備が遅れたのも仕方のないことでした。

近年、多くの研究者の努力によって、世界中の男性が持つＹ染色体の系統関係は、かなり詳細にわかってきています。研究の結果、Ｙ染色体ＤＮＡにもミトコンドリアＤＮＡのように、急速に変化する部分と比較的安定な部分があることが判明し、解析の目的にしたがって、適切な部位を選択して研究するようになっています。Ｙ染色体に見いだされたハプログループの分類法は、２００２年に世界の学者が集まった共同研究機関《コンソーシアム》で最初の標準化がなされています。その時点で

18の大分類と、その下に153のハプログループが定められました。Y染色体ハプログループはその後も改訂が進んでおり、2018年の段階では20種類の大分類の下に数多くの系統が定義されています。

実はミトコンドリアDNAのハプログループでは、このような標準化がなされておらず、ハプログループの名称の付け方は研究者によって恣意《しい》的に定められています。後に紹介するミトコンドリアDNAハプログループの名称は、多くの研究者が使用しているものですが、細部では混乱が残っているのです。しかしY染色体の場合は、その反省からか研究の比較的早い時期に標準化がなされたので、いろいろな研究者の論文を読んでも名称が統一されていて理解しやすいものになっています。ただし、大分類よりも下位の分類に関しては、時々大幅な名称の改変があるので、過去のデータを参照するときには注意が必要です。後の章で解説しますが、日本人の持つ代表的なハプログループであるDは、以前はD2aとされていましたが、現在ではD1bと名称が変わっています。

## 核DNAの解析法

本章の冒頭で説明したように、ヒトのゲノムは、ヒトひとりをつくるために必要な遺伝子のセットであり、約30億文字分のDNAから構成されています。1万6500文字からなるミトコンドリアDNAに比べると格段に大きく、莫大な情報を持っています。核に収納されているゲノムは両親から受け取っているので、実際には30億の倍、60億塩基にもなる膨大なものです。それだけに解析が難しく、ゲノムの本格的な分析が始まったのは今世紀になってからです。

ヒトのDNAはお互いが99・9％までは同一で、生物学的にはほぼ同じ、と言ってもよいほど似ているのですが、それでもDNAの量は膨大ですので、かなりの変異が存在します。そうしたなかで、SNP（一塩基多型）と呼ばれるその変異を検出する技術が21世紀の初頭に開発されました。SNPとは、私たちのゲノムを構成するDNA配列の中に見られる単一のDNAの変異です。DNAの文字列は親から子どもに伝わっていくときに、まれに突然変異を起こして別の文字に変わっていきますが、その違いが子孫のなかに広がって、集団の中でその変異を持つ人の数が全体の1％以上の頻度になったとき、その変異をSNPであると定義しています。

このSNPはヒトのDNA配列の1000塩基につき1カ所程度存在していると推定されており、ゲノム全体では数百万以上存在することが知られているので、これを目印にして遺伝子の働きを推測することができます。例えば、ある病気にかかっている人の集団と、そうではない人たちのSNPを比較して、病気になっている人たちだけに特定のSNPが見つかると、その病気の原因となっている遺伝子が、特定されたSNPのそばにあると見当を付けることができます。場合によってはSNP自体が病気の原因であることもあります。またこの手法では、病気を見つけるだけではなく、例えば眼の色の違いや、身長の高低、髪がストレートなのか縮れているのかなど、さまざまな見た目の違いに関係するSNPを探すことも可能です。本書の冒頭で紹介した、ゲノム情報から縄文人の顔を復元した結果も、この縄文人の持つSNP情報をもとにしたものです。

SNPは突然変異によってランダムに生まれるので、同じ婚姻集団の内部には新たなSNPが蓄積されていくことになります。従ってSNPの共通性は集団同士の近縁関係に置き換えることが可能です。分かれて間もない2つの集団同士には共通するSNPが数多く存在するし、はるか昔に分かれた集団同士では、互いの集団に別のSNPが蓄積しているので、共通性は少なくなります。また、特定の個人のSNPを調べることで、どの集団に属しているかを知ることも可能です。ミトコンドリアのDNAは母系に遺伝するので、母方の系統しか知ることができませんし、Y染色体DNAでは父系しかわかりません。集団ごとに多くの個体を解析しないと、混血の度合いなどを評価することが難しいのです。しかし核ゲノムのSNPは両親から受け継ぐので、その双方の情報を加味した分析が可能になります。1個体分のゲノム情報からでも混血の有無を評価できるので、解析の難しい古代人の研究では特に有効です。現在では、古人骨のSNP情報を他集団と比較することで、その遺伝的な特徴を捉えるという手法が用いられるようになっています。

私たちの持つゲノムの中にはSNPとして認識されている部分以外にも多くの変異がありますから、この分野の研究では将来的には個人の持つ全ゲノム同士を比較するようになると考えられます。しかし現代人に関して世界中の集団のSNPが調べられていますので、当面はこのデータと突き合わせた解析が進むでしょう。

## 遺伝子の分布からヒトの移動を考える

現代人の遺伝子に見られる変異の分布が偏《かたよ》りを持っているとき、その分布の状態から人類の拡散の様子を類推することができます。その方法を具体的な例を示して説明しましょう。なお、これは筑波大学にいた原田勝二《かつじ》さんたちの研究でわかったものです。

私たちがお酒を飲むと、そのアルコールは門脈《もんみゃく》と呼ばれる消化器系に分布する静脈に運ばれて、肝臓にたどり着きます。そこでアルコールはいったんアセトアルデヒドに分解され、続いて酢酸《さくさん》と水に分解されます。この一連の化学反応には、それぞれの分解の過程で肝臓の細胞が持つ酵素が関与します。アセトアルデヒドは毒性の強い物質で、肝臓で代謝されずに血液中に流れ出すと頭痛などの原因となり、いわゆる二日酔いや悪酔いの状態を引き起こします。ですからアセトアルデヒドを酢酸に分解する過程は重要です。そのせいか、この過程には2つの異なる経路が用意されていて、ALDH1とALDH2と呼ばれるそれぞれ別の酵素（アルデヒド脱水素酵素）が関与しています。

ところで私たちのなかには、ほんのわずかなお酒を飲んだだけでも真っ赤になったり、すぐに気持ちが悪くなる下戸《げこ》の人もいれば、いくら飲んでも顔色一つ変わらない酒豪もいます。実はその違いは、体のなかでALDH2酵素が正常に働くか否かにかかっているのです。ALDH2をコードしている遺伝子は、ヒトの第12番染色体にあります。この酵素の487番目のアミノ酸は正常型ではグルタミン酸ですが、このグルタミン酸がリジンというアミノ酸に置き換わっている人がいます。DNA配列で言うと、グルタミン酸をコードするGAAという配列の先頭のGがAに変化して、リジンをコードするAAAになっているのです。このDNAが1カ所で置き換わっただけで、ALDH2はアセトアルデヒドを酢酸に分解する能力をなくしてしまいます。お酒の強い人は正常型の、弱い人はこの変異型の酵素を持っているのです。

余談ですが、この遺伝子は両親から受け継ぐのですから、正確に言うと私たちのなかには、正常型のALDH2をセットで持っている人と、ひとつ持つ人、まったく持たない人の3つのタイプがあることになります。そうなると、ひとつだけ持っている人は、お酒の強さに関して言えば、ちょうど中間の能力を持つと考えたくなりますが、事情はちょっと複雑です。実はALDH2は、この遺伝子から作られるタンパク質のユニットが4つ合体して機能していますので、そのなかにひとつでも変異型を持っていると正常に働きません。ですから4ユニットすべてが正常型で構成されるのは確率的には16分の1になってしまうのです。つまり正常型の遺伝子をひとつ持っている人のアセトアルデヒド分解能力は、2つ持つ人に比べると約6%ということになります。

ここまでは、私たちが日常生活で気がつく「体質の違い」といったものが、遺伝子に基礎を置いているというお話です。一般にはこのようなことがわかってくると、ではALDH2が体内でどのように働くのか、あるいは変異型ではどうして正常の機能を失うのか、といったことを研究するのが普通です。しかし、それではこの変異型の遺伝子の分布はどうなっているのだろう、というところに注目すると、テーマは俄然《がぜん》、人類学の分野のものになってきます。

図1‐2は、世界の各集団におけるこの変異型遺伝子と正常型の頻度を示したものです。変異型は中国南部を中心とした極東アジアの地域に多く、そこから離れると徐々に保有率が低下していくことがわかります。ヨーロッパやアフリカの人々には、変異型の遺伝子を持つ人はほとんどいません。周りを見わたせば必ず何人かのお酒が飲めない人を発見できる私たちからすれば、これはずいぶん奇妙な状況です。中国に行くと北京のような北部の都市で宴席に出されるのがアルコール度数の高い蒸留酒であることが多いのに、上海などでは紹興酒のような醸造酒であることが多いのも、この遺伝子の分布に一致しているように思えます。実際、中国人と話をすると、南の人間は酒に弱いと言います。変異型遺伝子の分布状態を経験的に理解しているのでしょう。

このような分布状態は、変異型が中国南部で発生し、その後ヒトの移動にともなって周辺の地域に広がっていったと考えるとうまく説明できます。実際には、ある遺伝子の変異型について、単純に、現在最大の人口を抱えているところがその変異型の発生した地域であると考えるのには問題があるのですが、現時点でのデータから推定すると、この拡散のシナリオがもっとも無理がないと考えられます。さらに、アメリカ大陸の先住民のなかにも若干ですがこの変異型が見られることから、その誕生の時期は、彼らがベーリング海峡をわたって新大陸に進出したと考えられている、今から2万年前よりもさらに前のことだと推察されるのですが、残念ながら時期に関してはこれ以上の情報はありません。

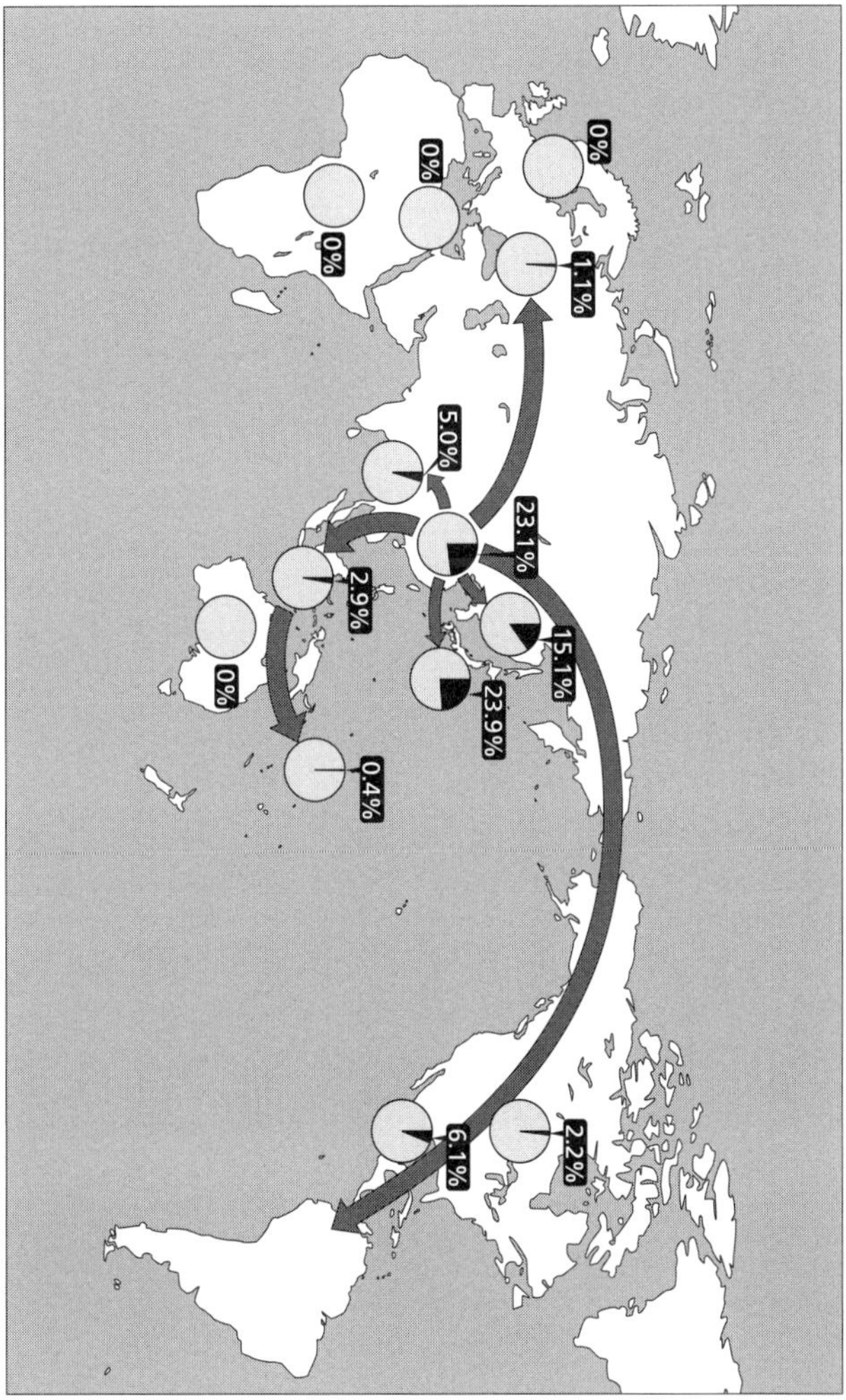


図1-2　世界の集団におけるALDH2変異型の分布
変異型遺伝子の分布の様子は、中国の南部でこの遺伝子に突然変異がおこり、それが各地に広がった様子を示している（Harada 1991より作成）

それでは中国南部に次ぐ変異型人口を持ち、変異型を持つ人々の割合では中国南部をも上回っている日本の分布はどうなっているのでしょう。そこには、日本人の成立に関する理論と一致する面白い現象が見て取れます。日本人全体では、正常型を2つ持つ人が56％、ひとつの人が38％、変異型2つの人が4％存在すると言われていますが、日本における分布を県別にみてみると、地域的な偏りがあることがわかります。変異型は近畿地方を中心とした日本の中部地域に多く、正常型は東北と南九州、四国の太平洋側に多いのです。後の章で詳しくふれますが、日本人の成立に関しては、在来の縄文人が住む日本列島に、水田稲作を携えた渡来系弥生人が大陸からやってきて、両者が混血して現代に続く日本人が形成されたという、いわゆる二重構造説が定説となっています。この理論には後に指摘するように問題はあるのですが、日本列島の内部では、大筋では成立していると考えられます。それによれば、北海道や東北と沖縄や九州の南部には縄文人の系統を引き継ぐ人たちが主に居住しており、九州北部から近畿地方には渡来系の弥生人の特徴を色濃く持つ人々が住んでいるとされています。ここで、変異型の遺伝子を日本に持ち込んだ人が渡来系の弥生人だと考えると、この遺伝子の分布が二重構造説によく合うことがわかります。また、変異型遺伝子の故郷が水田稲作の源郷の地と重なっていることを考えると、この説はなかなか魅力的です。

実際に変異型遺伝子の分布が二重構造説に適合したものであるかを検証するためには、縄文人と弥生人のＡＬＤＨ2遺伝子を直接解析することが必要です。冒頭紹介した船泊遺跡の縄文人は、予想通りお酒に強い遺伝子を持っていたことが確認されています。今のところ1例のみの結果なので、まだそれを一般化することは難しいですが、今後渡来系の弥生人も含めて解析例が増えていけば、その真の姿が見えてくるでしょう。

私たちの体は祖先から受け継がれた遺伝子をもとにできあがっています。お酒に弱い人に関して言えば、少なくとも祖先のひとりはこの中国南部に由来していることになります。お酒が飲めないと、時として宴席で肩身の狭い思いをすることがありますが、そう考えると、少なくとも自分の祖先のひとりが住んでいた場所を教えてくれる、この変異型にも感謝したくなります。

## 拡散と移動の諸相

特定の遺伝子の分布の様子から、その起源地や拡散の状況を推定する方法について説明しました。そうなると次には、どうしてそのような移動が起こったのか、ということも気になってきます。残念ながらＤＮＡの研究だけからは、それを推測することはできません。ＤＮＡが示すのは人類拡散のシナリオなので、その要因については、考古学や歴史学のような他の学問分野から得られた知見とあわせて考える必要があります。

ヒトは、最初は狩猟採集集団として出発しました。最初にアフリカを出たときもそれは変わりませんでした。ですから人類の最初の拡散の様子は、自然界で手に入る食糧資源に依存していたはずです。私たちの祖先はネアンデルタール人のような先行人類に比べると卓越したハンターであったようですから、大型の哺乳類《ほにゅうるい》を追って大陸に広がっていったと考えられます。この時期は氷河期にあたり、全体としては寒冷化していましたが、時代によってはやや温暖な時期もあったようです。温暖化と寒冷化のサイクルにしたがって人類は南北方向の移動を繰り返したと思われます。

1万年前よりも新しい時代になると、世界の各地で独自に農耕を始める集団が誕生します。農耕民は自然に頼った狩猟民よりも大きな人口を抱えることになったので、やがて周辺の地域に拡散することになりました。最初の農耕民の移動は、農耕ができる土地を求めての行動のはずですから、同じような気候や地理的環境を持った地域へ展開したと考えられます。ですから、特定の遺伝子の頻度は主として気候が似ている東西方向への勾配を持つ変化として足跡を残していると予想されます。また後に説明しますが、最近では、ヨーロッパや南アジアの集団の形成に牧畜民が関与したこともわかっています。

農耕や牧畜が広く行きわたった後の世界では、緩やかな拡散ではなく、目的を持った移動が行われるようになります。農耕・牧畜自体が環境を破壊して、農牧民が土地を放棄したケースもあったでしょう。政治的な混乱によって集団が移動することもあったはずですし、経済的な理由が原因で、大規模な移動が起こることもあります。新大陸の発見以降、西アフリカからは膨大な数の人々が、奴隷というかたちで南北アメリカ大陸に運ばれました。通常、それらの移動は急激かつ大規模なものなので、緩やかな拡散によるような遺伝子の頻度勾配は残していないと思われます。さまざまな地域の現代人の遺伝子のなかにその痕跡《こんせき》を見ることになります。

本書ではＤＮＡの解析によって明らかとなった人類集団の拡散の様子を説明していきますが、現代の人々の持つ遺伝的な特徴は、このような過去の集団の移動や集合の総和で成り立っています。現代人のＤＮＡだけを分析していても、その特徴がどのような経緯で形成されてきたのかはわかりません。正確なシナリオを描くためには古代人のＤＮＡを分析することが必要となります。特に２０１０年以降に本格的に導入された次世代シークエンサは古代人のゲノムデータの取得を可能にしたので、従来説を大きく変えつつあります。本書ではこのマシンが生み出した最新の学説についても取り上げていきます。

# 第2章
# アフリカから世界へ——DNAが描く新人の拡散

## 現生人類は4グループに分かれる

最初に述べたように、現在ではDNA分析と化石の研究から、現代人は20万~10万年前のアフリカに誕生したと考えられています。私たちのような現代人のことを人類学の専門用語で「新人」と称するので、このセオリーは「新人のアフリカ起源説」と呼ばれているということは本書の冒頭でふれました。化石を研究する人類学者は10万年前の人類でも「新人」と呼び、数万年前などはつい昨日のような感覚で語るのですが、DNAの研究者はわずか数年前のデータですら「昔のデータ」などと言います。DNA分析を通して人類進化について考えていると、このギャップに違和感を覚えることがしばしばあります。DNAデータを用いた解析では頻繁にデータが更新されるので、数年の間に結論が異なってしまうケースもあります。化石の研究者などから、分子人類学者はいつも言うことが違って信用できない、という感想を持たれたりもします。研究の進歩が速い分野では、それも仕方がないことと納得していただくしかありませんが、情報を発信する側にも慎重な対応が要求されるところです。この章では主に21世紀になって解析されたＤＮＡデータを用いて、アフリカで誕生した新人がその後どのように世界に広がっていったかを見ていくことにします。

２０００年に、ミトコンドリアＤＮＡの全塩基配列を用いた人類の系統に関する研究が発表されました。この研究は世界中の集団から選び出した53名のミトコンドリアＤＮＡ全塩基配列を用いて系統関係を解析したものでした。解析の対象とした人数はそれほど多くはありませんでしたが、それまでＤ－ループと呼ばれる特に変異の集中している部分の塩基配列と制限酵素による多型という、配列の部分的な解析に頼っていた研究と違い、ミトコンドリアＤＮＡ全体を扱った画期的なものでした。その結果を見てみましょう（図２－１）。

この図から、現在全世界に住んでいる人類集団が大きく4つのグループに分かれることがわかります。このように、系統樹によって区分されるグループのことを「クラスター」と呼びます。人類集団のグループというと、普通はいわゆる3大人種（白人、黒人、黄色人種）を思い浮かべるのですが、ＤＮＡ分析が描き出した区分けは、そのような分類とはまったく異なっていました。4つのクラスターのうち、Ｌ０～Ｌ2の3つまでが、アフリカに住む人だけから構成されていたのです。そして残りのひとつのなかに、先のクラスターに含まれなかったアフリカ人と、それ以

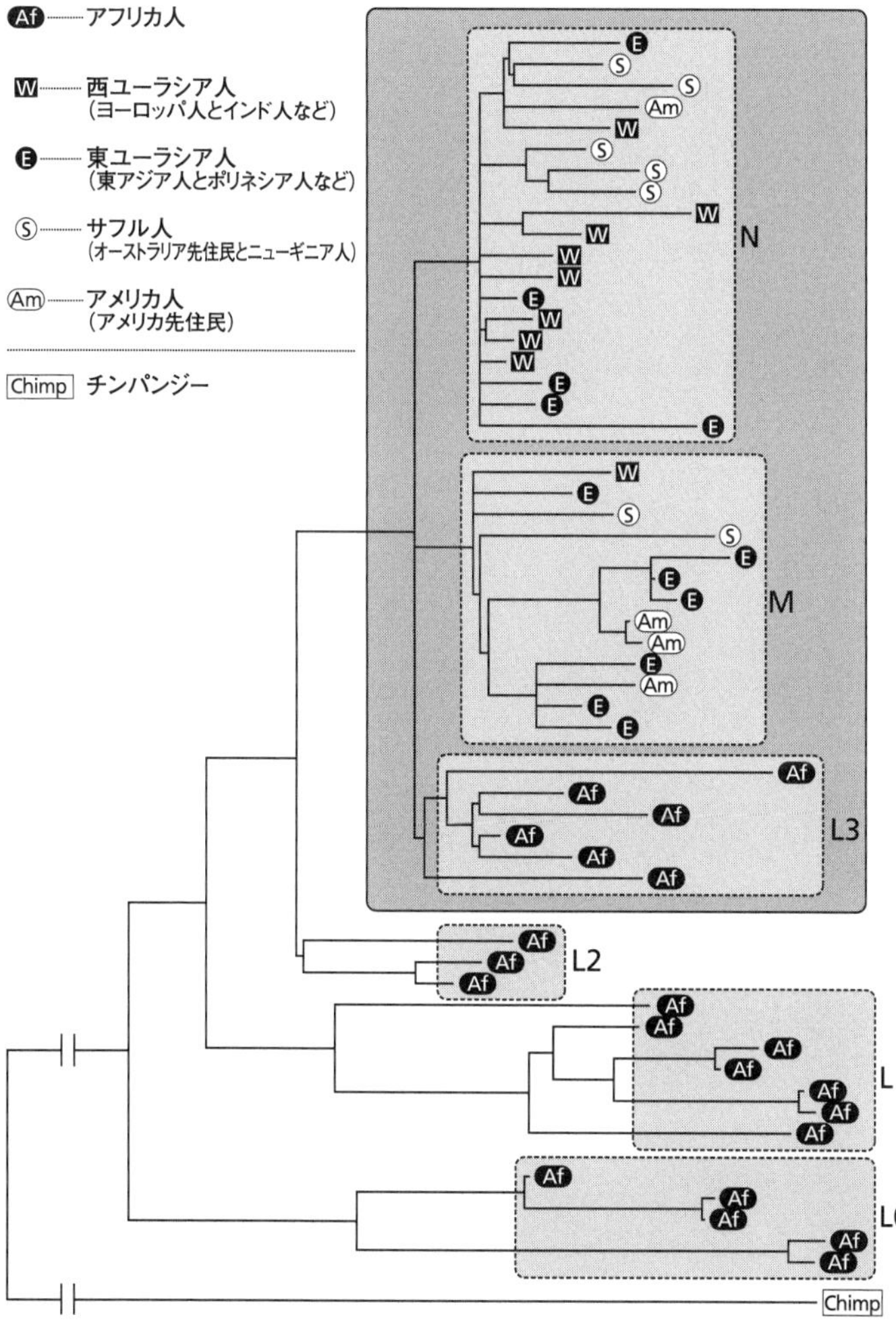


**図2-1　ミトコンドリアDNAの全塩基配列を用いた系統樹**

サハラ以南のアフリカ人の間でもっとも変異が大きく、ヨーロッパ人やアジア人は、ごく小さなグループにまとまることがわかる。図中の線の長さは遺伝的距離を示している（Ingman et al. 2000を改変）

外の世界のさまざまな集団に属する人たちが集まりました。つまり、世界中の集団をミトコンドリアDNAの変異を鍵に分類すると4つに分かれ、そのうち3つまでがアフリカ人のみの集団で、ヨーロッパ人とアジア人と残りのアフリカ人を一緒にして最後のひとつのグループ（実線で囲んだ部分）ができあがるというのです。

さらにこの最後のクラスターをよく見ると、これが分岐の先の方でより小さな3つのクラスターに分かれています（L3、M、N)。そのひとつはアフリカ人だけを含んでいますが（L3)、残りのクラスターでは、片方がアジアの集団だけから構成されており（M)、もう一方はヨーロッパ系の集団とアジア集団の混合したものでした。私たちが持つ人類集団の分類の概念とはずいぶんと異なったものになっていたのです。このミトコンドリアDNAが描き出した世界中の人たちの系統関係は、何を物語るのでしょうか。また私たちは、そのデータをどのように解釈すればよいのでしょうか。詳細に見ていくことにしましょう。

## 多くの突然変異を持つアフリカ人

この分析のもっとも重要な点は、いくつものアフリカ人の系統が、世界の他の人たちよりも深い分岐を持っているということです。言い換えると、アフリカの人たちは残りの世界中の人たちと比較して、たくさんの突然変異を持っているということになります。アフリカ人同士間の変異は、他の地域の人に比べて2倍くらいあります。このことは最初に「新人のアフリカ起源説」を提唱した、制限酵素を使った研究でも指摘されていましたし、その後のミトコンドリアＤＮＡの部分的な塩基配列を用いた研究でも同様の主張がなされていました。しかし、それらは統計的に見ると根拠の薄弱なものでした。全塩基配列を用いた研究によって同様の結果が得られたことで、より強固な証拠が得られたことになったのです。突然変異は時間と共に蓄積していくものですから、多くの変異を持っているということは、彼らが長い歴史を持っているということを示しています。このことは現代人がアフリカで生まれたと考えると、もっとも合理的に説明が付きます。アフリカ人のなかには最初に誕生した人類の直接の子孫が含まれているので、アフリカ人同士の間の変異が一番大きくなるのです。そしてアフリカの特定の集団のなかから、やがて世界の各地に広がっていったグループが生まれることになったので、世界の残りの人たちは、移住が行われた時期以降の変異しか持っていないのです。

最初に行われた制限酵素を用いた研究で、アフリカの集団はひとまとめにされて、ハプログループＬという名称を与えられました。その後の研究で、アフリカ集団が大きく3つに分かれることが判明したので、それぞれにＬ1、Ｌ2、Ｌ3という名前を付けることにしました。Ｌ3が、この研究でアフリカ人と残りの世界の人々を包含しているクラスターです。世界の他の集団が派生することになったハプログループということになります。さらに後の研究によって、より古い時代に分岐した新たなクラスターが見つかったので、それにはＬ0という名前が付けられています。

しかしこの名称の付け方は、もっとも大きな分類群に、あたかも小さな分類単位であるかのような印象を与えてしまうので、適切なものではありません。ミトコンドリアDNAを使った集団の解析が、アメリカ先住民からではなく、アフリカの集団から始まっていればこのような事態にはならなかったでしょう。きっとアフリカに見られるハプログループにはAが与えられたと思います。ちょっと残念な気がしますが、科学の世界では後の混乱を避けるために、一般に先に付けられた名称が優先しますので、今後ともミトコンドリアDNAを用いた人類集団の分類では、根幹の部分にこの名称が用いられていくでしょう。

## Y染色体から探る人類の共通祖先

世界中のヒトのミトコンドリアDNAの系統をさかのぼって人類の共通祖先を探すと、20万～15万年ほど前のアフリカのひとりの女性にたどり着くことになるのですが、同様の解析をY染色体について行った研究があります。この場合は世界中の男性の共通祖先を探すことになります。それによるとY染色体の共通祖先は、およそ9万年（プラスマイナス2万年）ほど前に誕生したことがわかりました。ミトコンドリアDNAの共通祖先よりは若干新しい年代が出ていますが、男女の共通祖先がまったく同じ時期に存在する必然性はなく、この程度の違いであれば、ほぼ同時期と考えてよいでしょう。また、ハプログループの分岐の形もミトコンドリアDNAの系統図とよく似たものになりました（図2-2）。アフリカだけに分岐年代の古い系統が存在することから、Y染色体の共通祖先もアフリカで誕生したことが推定できます。Y染色体DNAの研究でも、約700万年続く人類史の比較的新しい時代にアフリカで私たち新人の祖先が誕生したことが示されました。ただし、この図にはありませんが、現代人のY染色体DNA系統に関しては、飛び抜けて古い時代に分岐したものがひとつだけあります。この系統は最初にアフリカ系アメリカ人の中に見いだされたのですが、後の研究によってカメルーン付近に起源することがわかっています。そして34万年ほど前に分岐したと考えられることから、現在ではアフリカの未知の原人から混血によって受け継がれた系統だと考えられています。

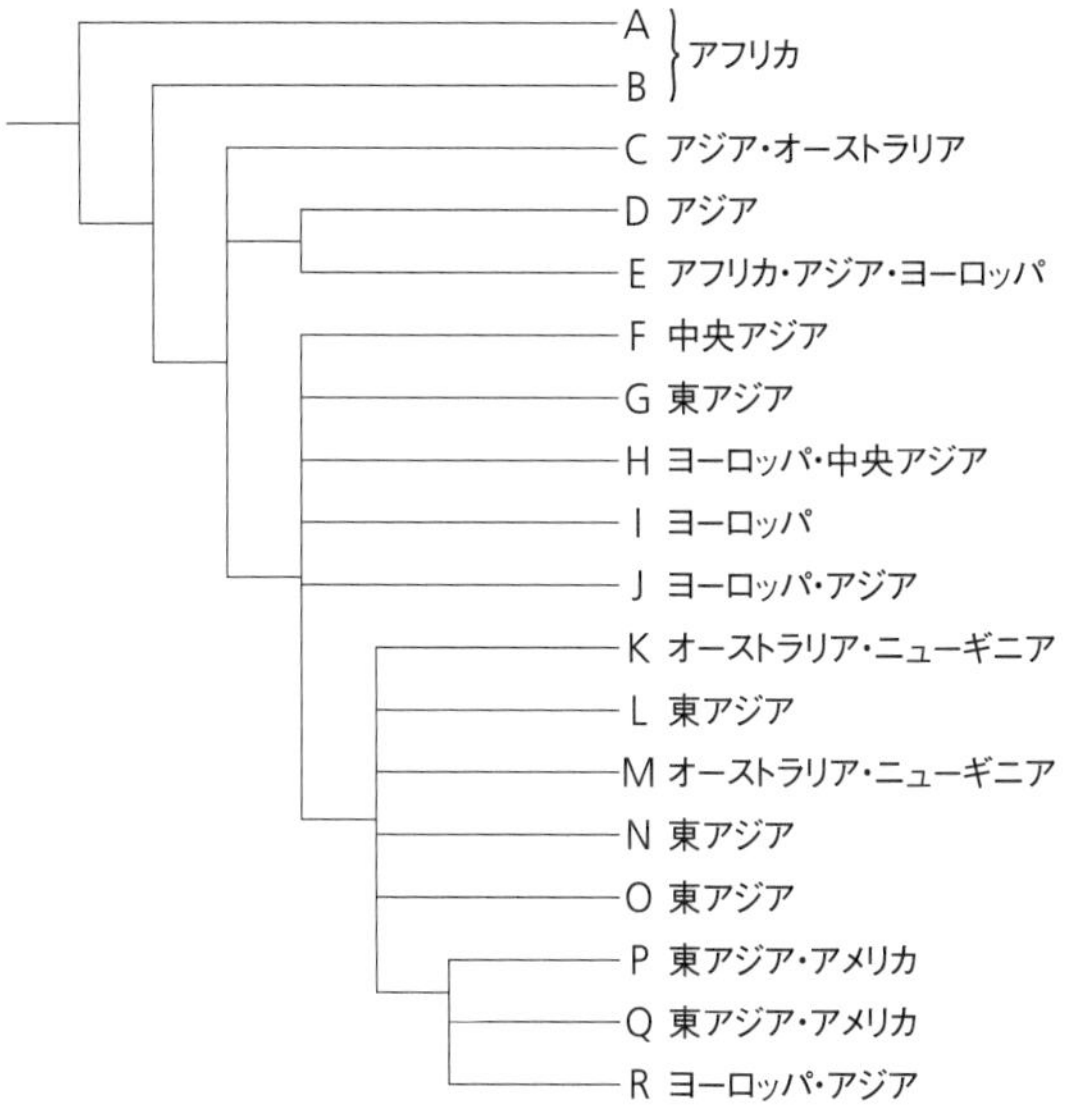


**図2-2　Y染色体DNAの系統図**

Y染色体でもミトコンドリアDNAの系統図と同じく、アフリカに分岐の深いハプログループが存在していることがわかる。それぞれのハプログループの分布している地域を見ると、ごく少数の集団がアフリカを出て、世界に拡散したことがわかる

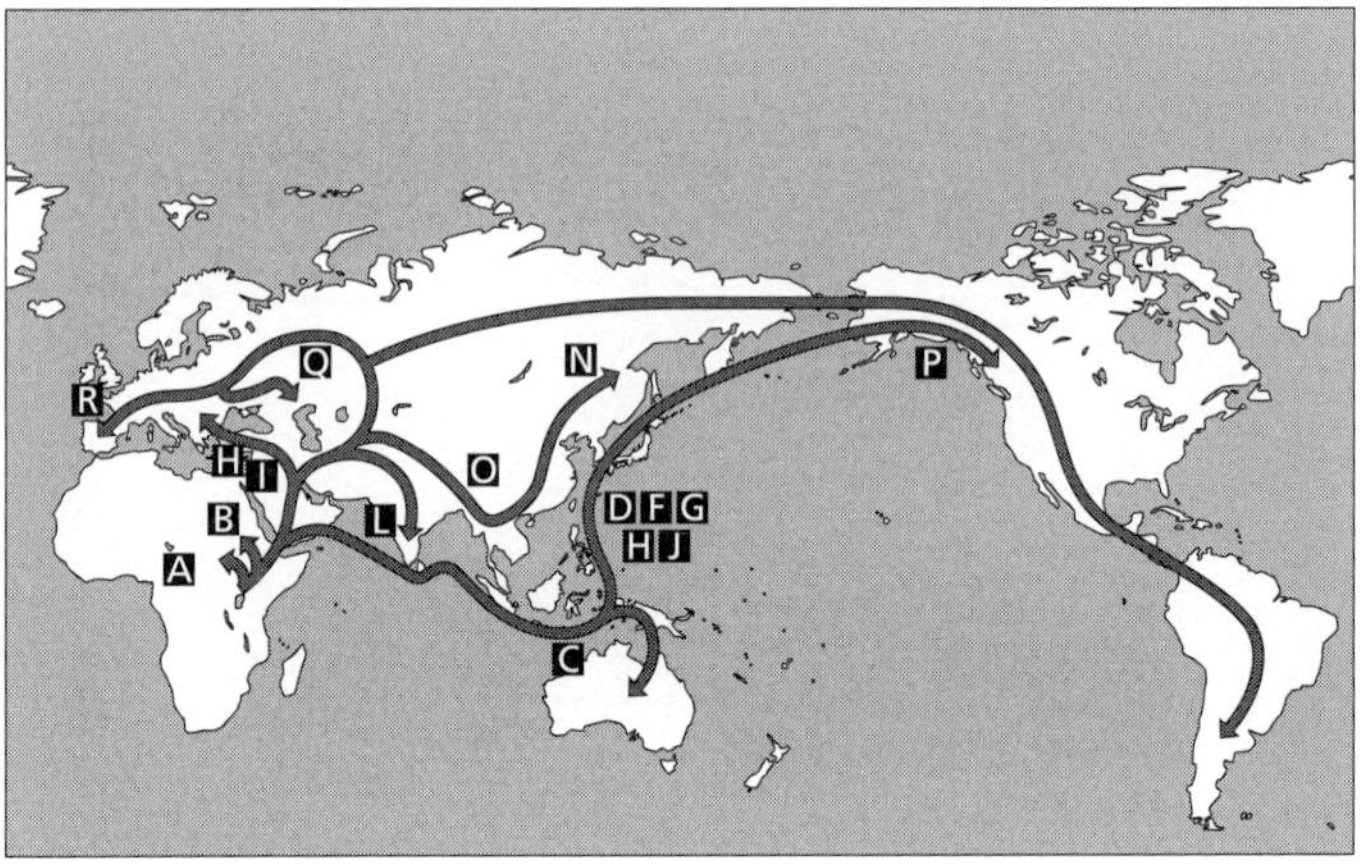


**図2-3　Y染色体DNAのハプログループの分岐形態から類推された世界への拡散の様子**（Wells 2002 より改変）

さらに、アフリカ以外の世界中のＹ染色体の系統は、６万８０００年ほど前に誕生したこともわかりました。つまり男性はこの時期にアフリカから世界に向けて旅立ったことになるのですが、この数字は、ミトコンドリアＤＮＡから導かれた女性の旅立ちの時期とほぼ一致しています（図2-3）。最初の「出アフリカ」は男女が同時に成し遂げたものと考えられますから、この結果も当然のことでしょう。大まかな人類の世界拡散のシナリオでは、ミトコンドリアＤＮＡとＹ染色体の研究が一致しているのです。

## 核ゲノムが語るアフリカ集団

近年、現代のアフリカ人に関する核ＤＮＡの研究も進んでおり、アフリカに残った人々のその後の様子についてもある程度のシナリオが描かれる

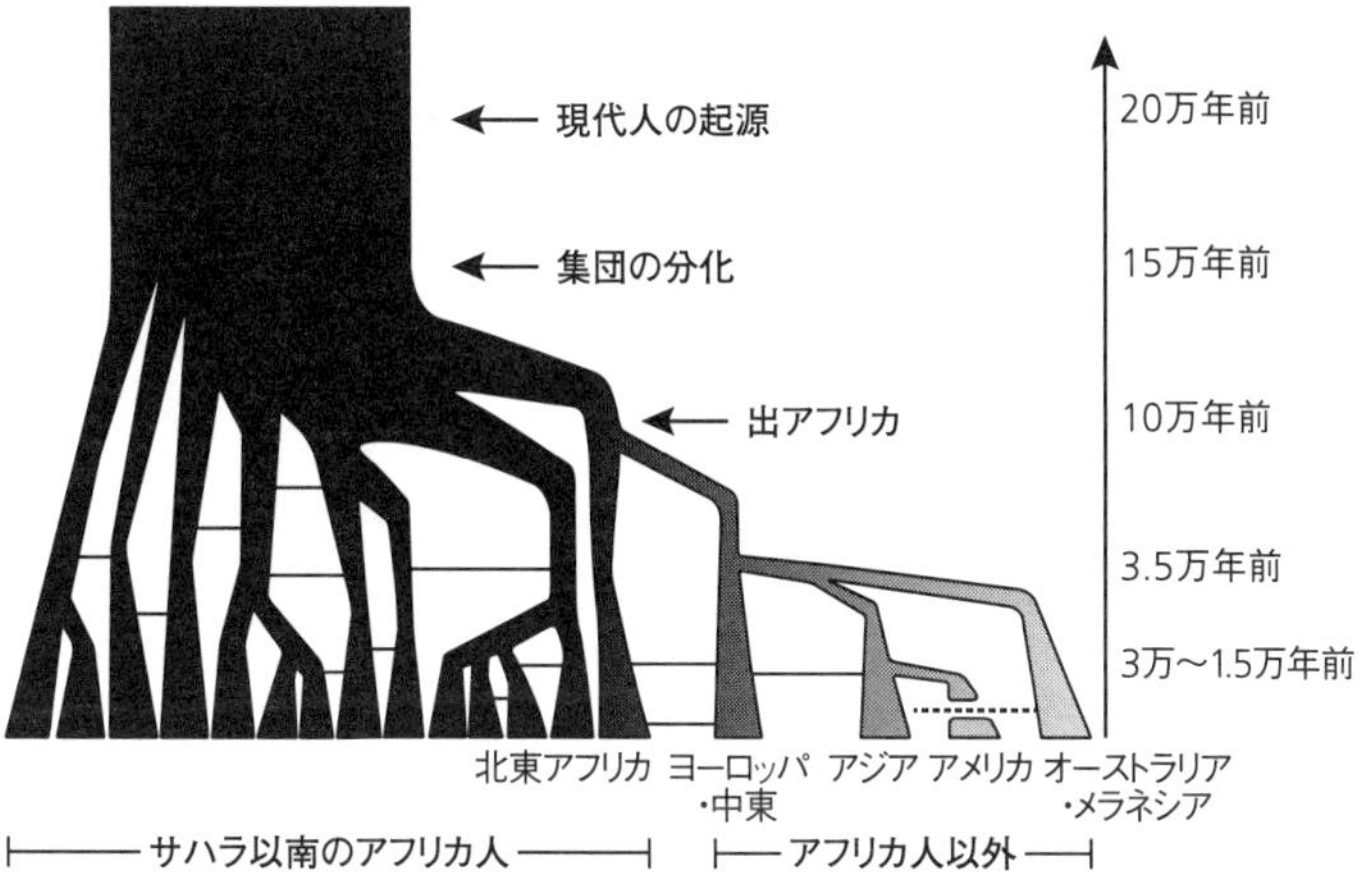


**図2-4　全ゲノムデータを使った集団の系統図**

世界中の集団から得られたゲノムデータをもとにした集団の系統図。アフリカの集団は14の異なる系統に分かれている。この図では遺伝的な多様性の大きい系統ほど濃い色で描かれている。水平に引かれた直線は、過去に集団間に遺伝子の交流があったことを表わしており、破線は最近の遺伝子交流を示す（Campbell and Tishkoff 2010 を改変）

ようになっています。ゲノムの解析では、言語の違いや地理的な分布に一致した14のグループが認められています（図2-4）。また、およそ1万〜7500年前にユーラシア大陸と西アフリカの間に遺伝的な交流があったことや、農耕民と狩猟採集民の混血の状況などが明らかになっています。

　アフリカにおける現代人集団の形成を考えるときにもっとも重要なのは、農耕の開始と、その後の農耕民の拡散であることも、ゲノム解析の結果わかっています。およそ4000年前にアフリカ西部、現在のカメルーンやナイジェリアにあたる地域で起こった、バンツー語を話したと考えられている農耕民の誕生と、その結果引き起こされた彼らの移動は、今日のアフリカ人の遺伝的な構成に大きな影響を与えました。

その過程でブッシュマンやピグミーといった集団を辺境の地に追いやり、お互いの間で相手のDNAを取り込みました。それはサハラ砂漠より南の地域集団の遺伝的な構成を大きく変えてしまい、現代のアフリカ集団のゲノム解析からは、それ以前の状況を知ることが難しくなっています。

後の章でもふれますが、最近の古代人のゲノム解析の結果を見ると、現在の地域集団と、最初にその地に到達した人々との間に、ほとんど関係がない例がいくつもあります。最近ではアフリカでも古人骨のDNA分析が試みられており、農耕集団の拡散以前の集団の遺伝的な特徴についても情報が得られるようになりました。そこからは、現在の地域集団とはかけ離れた、古代の狩猟採集集団の姿が浮かび上がっています。農耕拡散前のアフリカには、遺伝的に分化した多様な狩猟採集民が住んでいたようで、それらは離合集散を繰り返し、現代にまで続く遺伝的な特徴は一部のみに残されていると考えられています。

アフリカの集団というと、私たちは黒人ということでひとくくりに考えてしまい、そのように大きな変異を持った集団であるということを実感しにくいのも事実です。しかしながら、アフリカには男性成人の平均身長が140センチを切る、世界でもっとも小さな狩猟採集民であるピグミーの集団や、逆に180センチを超えるマサイのような遊牧民の集団もいます。アフリカの人たちは、肌の色に捉われずに眺めると、非常に多様な集団なのです。そのうえ農耕開始期以前の過去にさかのぼると、遺伝的にさらに多様な集団が存在していたようです。

## 人類の始まりの姿

分岐を逆にたどっていくと私たちの共通祖先に行き着きます。DNA配列は時間の経過にしたがって一定の割合で変化すると考えられるので、現代人の持つ変異の大きさから共通祖先の誕生した時期を推定できるのです。ミトコンドリアDNAの配列を使って計算した結果得られたのが、これまで述べてきた20万〜15万年前という数字でした。しかし、ここで注意しなければならないのは、この数字はあくまで私たちの持つミトコンドリアDNAの共通祖先がどの時代に存在したかを示しているだけだということです。「新人」という分類群が形態に基礎をおいて決定されている以上、種としての新人が成立した時期は、化石の証拠によって決定されるべきものなのです。2003年には、エチオピアで発見されたヘルト1号と呼ばれる成人男性人骨の発見が報告されています。この化石は16万年前のものとされていますが、その形態は現代人と完全に同じではなく、完成へと向かう途中の段階であると言われています。化石の研究もこの頃のアフリカで、私たちの祖先が誕生しつつあったことを明らかにしているのです。

ネアンデルタール人のゲノムが解析されたことで、彼らやデニソワ人と、私たちホモ・サピエンスは、77万〜55万年前に分かれたことがわかっています。その後に両者の間に交雑があったにせよ、ホモ・サピエンスも60万年ほどの歴史を持つことになりますから、その間の進化の過程を化石の証拠で埋めていく作業が必要になります。それは私たちの持つ姿形がどのように獲得されたのかを明らかにすることにつながります。この化石証拠がアフリカのなかだけで発見されるのであれば、ホモ・サピエンスに至る集団はアフリカで進化したことが証明されますが、他の地域でも発見されることになると、私たちの進化の歴史は大きく変わることになります。その意味でも、ネアンデルタール人やデニソワ人との共通祖先から分かれた後のホモ・サピエンスの進化史を、化石から明らかにすることは重要です。

今のところほとんど化石の証拠はないのですが、2017年には、モロッコのジュベル・イルード遺跡から1960年代に発見されていた人類化石が30万年ほど前のものであることがわかりました。彼らの頭蓋は私たちの頭蓋ほど丸くなく、もっと細長かったようですが、歯の形はよく似ていると報告されています。ジェベル・イルード遺跡の化石が現代的な顔と原始的な頭蓋を持つことから、現生人類らしい特徴は一様に進化してきたわけではなかったのだろうと考える研究者もいます。そこから、ホモ・サピエンスの特徴は、アフリカの全域で個別の集団において獲得されたものが、広い地域の交流のなかで共有されてきたという仮説も提唱されています。20万年前よりも古い時期の、ホモ・サピエンスに至る進化の道筋はまだ謎に満ちています。

一方、古代ゲノムの解析によって、ネアンデルタール人には、30万～20万年ほど前のホモ・サピエンスの祖先から受け取ったと考えられるDNAが数%存在するということが指摘されています。もしかすると、北アフリカにいたジェベル・イルード集団の中から、出アフリカを果たしてネアンデルタール人との交雑に至った者がいたのかもしれません。

最初の新人は、どのくらいの人数がいたのでしょうか。私たち現代人が持つ遺伝的な多様性の少なさは、過去にボトルネックと呼ばれる、疫病などを原因とする人口の減少があったことに起因していると考える研究者もいます。現在では70億という巨大な人口を持つ現代人も、もとはごく少数の集団から出発したと想定しているのです。ミトコンドリアDNAのデータを用いたこれまでの研究では、祖先集団の大きさとしては、数千人程度という数が推定されています。実際には、DNAデータからの人口推定では、導かれる数字は生殖可能な男女の総和となりますので、集団全体となると子供や老人を含めて2万人程度だと見積もられています。そのなかにはいくつものミトコンドリアDNAのタイプがあったはずですが、結局はただひとつのタイプを除いて最終的に現在まで子孫を残すことなく、人類の歴史のなかに消えていきました。初期の人類のたったひとりの女性が持っていたミトコンドリアDNAが、後に世界中の人々が持つミトコンドリアDNAのタイプを生み出したのです。

## 最初にアフリカを旅立った集団

長い人類の歴史のなかで、最初の出アフリカは非常に重要な一歩でした。その様子はどのようなものだったのでしょうか。DNA分析が教えるその実像について見ていくことにしましょう。

最初にアフリカを旅立った人数を150人程度と見積もっている研究もあります。アフリカ以外の世界中の人々は、きわめて少ない集団から派生したようです。

ミトコンドリアDNAの系統（前掲図2－1）で、アフリカから旅立った人々の足跡を探るときに重要な情報を提供するのは、言うまでもなくアフリカ人の一部と残りの世界中の人たちを包含しているクラスターです。このクラスターに属するアフリカ集団の祖先のなかに、最初に「出アフリカ」を果たした人たちがいたことは確実です。この研究では6名のサンプルを使っていますが、残念ながらその出身地は中央アフリカの各地に散らばっていますので、このデータからは、最初にアフリカを出た人々がどこに住んでいたかを突き止めることはできません。

興味深いのは、この出アフリカ集団がさらに2つのクラスターに分かれることです。図2－1からは、アフリカに残ったグループまで含めて3つが同時に分岐したように見えるのですが、これは解析した個体数が少ないことに起因しており、その正確な情況はわかっていません。出アフリカを果たした2つのクラスターは、以前の研究でハプログループMとNと名づけられた分類と同じであることがわかっていますので、これ以降はハプログループの名称を用いて説明します。Mがアジア人だけから構成されるグループで、Nがヨーロッパ人とアジア人を含むグループです。このことは素直に考えると、アフリカからの旅立ちが2回あったことを示しているように見えますが、最初にヨーロッパへ進出した集団のなかには、ハプログループMに属する個体もあったことが、古代DNA分析の結果わかっています。最初の集団にMとNの両方のタイプがいたのに、ヨーロッパに向かった集団でたまたまMの系統が消滅してしまったようです。核ゲノムを用いた研究でも、現生人類は出アフリカの後、すぐに二手に分かれて拡散したことが指摘されています。MとNの系統の分布はそれを反映しているのかもしれません。

最初の集団がアフリカを旅立った時期について、今のところおおざっぱには6万年くらい前のことだと捉えられています。最近では、後述する中東地域以外にも、6万年前よりも前にホモ・サピエンスが出アフリカを果たしたとされる考古学的な証拠が増えてきました。しかし現状では多くの研究者は、私たちの持つ遺伝的な多様性から判断して、それらの出アフリカを成し遂げた集団は、現代人につながっていないと考えています。私たちの直接の祖先の旅立ちは1回限りの出来事で、もし複数回の出アフリカがあったとしても、それは同じ集団が成し遂げたものであったようです。それにしても私たちの祖先は15万年くらい前にはすでに誕生していたのですから、ずいぶんと長い間アフリカにとどまっていたことになります。何度もあった出アフリカで、成功したのが最後のものだけだったのかもしれません。なぜ出アフリカまでかくも長い時間がかかったのか、出アフリカを果たした直接の原因は何だったのかなど、この分野にはまだまだ解明すべき謎が残されています。

なお、出アフリカが起こった時期には、40ほどのミトコンドリアDNAの系統があったと考えられています。長い期間、アフリカのなかで生活していた私たちの祖先は、多くの地域集団に分化していました。そして、そのなかのたった2つの系統に属する人たちだけがアフリカを旅立つことになったのです。

私たちの祖先がアフリカから旅立ったとき、世界には私たちとは異なる人類が生存していました。ヨーロッパにはネアンデルタール人が、東アジアには北京原人の子孫が、そして東南アジアにはジャワ原人の子孫たちが住んでいたのです。私たちの祖先はやがて世界の各地で、これらの人々と出会うことになり、時には交雑によって彼らの遺伝子を取り込むことになりました。

## 出アフリカの2つのルート

さまざまな研究から、アフリカからの拡散については2つのルートが推定されています（図2-5）。ルートのひとつは北アフリカから出て行くもので、紅海の北端からシナイ半島を通って中東に抜けていく経路を想定しています。イスラエルの10万年以上前の遺跡から私たちと同じ新人の人骨が出土しているので、このルートは化石の証拠によっても裏付けられているように見えます。ただし、前述したように、ＤＮＡの分岐年代を使った研究は出アフリカを6万年ほど前のできごとと考えているので、この時代に北アフリカから中東を通過して出アフリカを果たしたとは想定できません。今のところ化石の証拠とは一致していないのです。このルートの途中にあるサハラ砂漠は、大きな地理的障害となったと考えられます。あるいは集団はナイル川を下って北アフリカに進出したのかもしれません。もう少し詳しくこの地域の状況を見てみましょう。

この地域で最初に見つかるのはネアンデルタール人の化石なのですが、12万年前以降は私たち

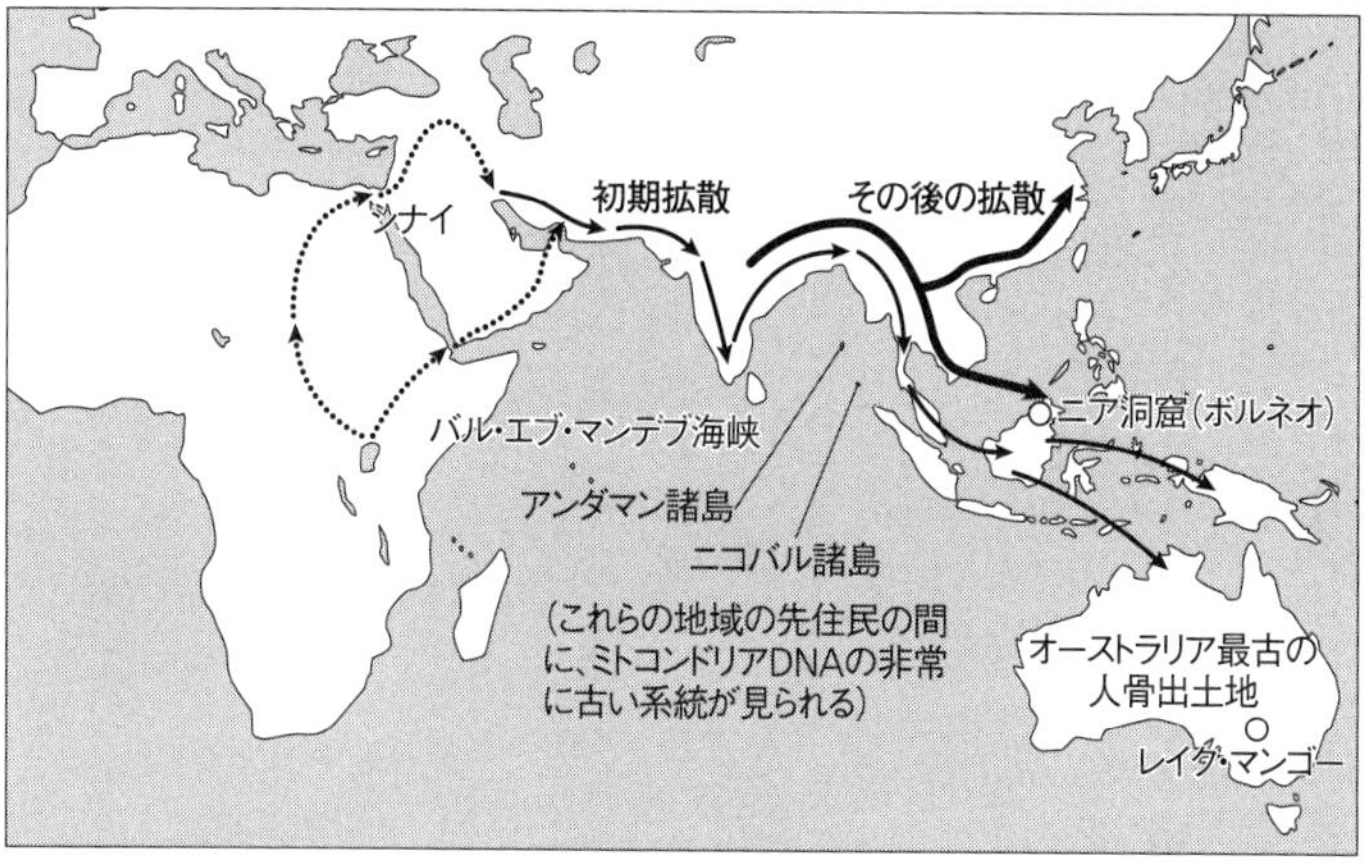


**図2-5　アフリカからオーストラリアに至る初期拡散のルート**
出アフリカには現状で2つのルートが想定されている(Forster and Matsumura 2005 を改変)

の祖先である新人の化石が見つかるようになります。その後、彼らの痕跡が消え、8万年ほど前からはネアンデルタール人が生活していたことがわかっています。このことから、12万年前から4万年前までの期間には、基本的には寒冷地に適応した人類であるネアンデルタール人とアフリカの熱帯地方に適応していた新人が、この地域を気候変化によって交互に使い分けていたと考えられています。考古学や形質人類学が明らかにすることの地域の歴史は、単純に新人が出アフリカを果たした通過点と考えるにはあまりに複雑で、ＤＮＡと化石の証拠の間にあるギャップを解消するのは難しいのが現状です。

想定されているもうひとつのルートは、現在のエチオピアやソマリアの海岸からアラビア半島を抜け、南アジアに達するというものです。最近のＤＮＡ分析による拡散の研究では、ほとんどがこのルートを想定しています。最初に出アフリカを果たした新人が通った経路だと考えられており、その後彼らは南アジアの海岸地域を伝って、4万年以上前にはオーストラリア大陸に到達したと想定されています。

このルートでは、アフリカを出発する際に紅海を横断することになります。東アフリカから出発すると考えると、その場所は紅海の入り口付近ということになります。現在ではこの地域での紅海の幅はおよそ20キロメートルありますが、最初に出アフリカがなされたのは氷河期ですから、その幅はずっと狭かったでしょう。現在よりも海水面がおよそ70メートル低下していたという研究もあります。ですから、海を渡ることは今よりは簡単だったと思います。あるいは島伝いにこの海を渡ることができたのかもしれません。しかしながら、最初にアフリカを出た人たちにとってそれは非常に困難な冒険だったはずです。出アフリカがそう何度もなかったらしいことが、それを示しています。

## なぜアフリカなのか

進化論で有名なダーウィンは、人類誕生の地としてアフリカを候補に挙げました。ゴリラやチンパンジーといったヒトに近縁な高等霊長類が棲息《せいそく》していることがその理由だったといいます。その後、世界中で人類の祖先の化石を探す努力が続けられましたが、ゴリラやチンパンジーの共通祖先から私たちの祖先が分かれてからの700万年間の歴史のなかで、最初の500万年間で人類につながる化石が見つかるのはアフリカだけです。アフリカはダーウィンが予言したとおり、人類の揺籃《ようらん》の地だったのです。

200万年前以降、人類はアフリカを旅立つことになり、旧大陸の各地に先行人類が分布しました。現在では、出アフリカを成し遂げた私たちの祖先集団は、世界の各地で、先行してアフリカを出ていたネアンデルタール人やアジアの原人などの子孫と交雑しながら、拡散していったと考えられています。他の高等霊長類からヒトへの第一歩を踏み出したのもアフリカなら、私たちの直接の祖先が生まれたのもアフリカなのです。人類の進化の上で画期をなす2つの大きなできごとが共にアフリカで起こったことには興味を覚えます。その原因は何なのでしょうか。

最初の一歩に関しては、樹上生活から地上生活へ重心を移すことによって、直立二足歩行を採用したことが、大きな要因となったと考える研究者が多いようです。そしてその背景には、地球環境の変動による森林の縮小があったと思われます。長期的な環境変化のなかで、地上という新たな生息環境を開拓したのが私たちの遠い祖先だったというのが、現在のところ考えられているシナリオです。ところが2番目の問題、なぜアフリカで私たち新人の直接の祖先が生まれたのか、に関しては今のところ明確な説明はありません。アフリカにこだわる必要はないと考えている研究者もいます。DNAの解析はいつ人類が誕生したかは教えてくれますが、そのきっかけは何かという問いには答えてくれません。その解明には、まず考古遺物や化石の発見を積み重ねる必要があるのです。今後の研究の進展が待たれます。ただ、他の地域に比べれば、アフリカは一貫して多くの人口を抱えていたと思われますから、遺伝学の立場からは、新たな集団が誕生するチャンスもそれだけ大きかった、ということは言えると思います。

現在のアフリカは私たちの故郷でありながら、南北格差のなかで貧困に起因する劣悪な生活環境や飢餓、疾病に苦しんでいます。さらに残念なことに、この状況は地域内の紛争やグローバリゼーションの波のなかで改善されることなく、悪化の一途をたどっているのです。その歴史の古さから、アフリカの集団は他の世界の集団に比べれば数倍もの遺伝的多様性を持っています。ですからアフリカ集団の衰退は、結果的に人類の遺伝的多様性を大きく損なうことになるのです。また、人類の進化史上、三度目の飛躍があるとしたら、遺伝的な多様性の高いアフリカ集団が母体となることも考えられます。人類が誕生し旅立ったこの地に対するリスペクトを忘れると、将来大きなツケとして返ってくる可能性があることを、私たちは忘れてはならないでしょう。

# 第3章
# DNAが描く人類拡散のシナリオ

## 拡散の跡を探る

図3－1は、アフリカを出た人類が世界に広がった経路を、人類学や考古学の証拠から類推して描いたものです。およそ6万年前に始まった人類の旅は、1500年前に南太平洋の島々に展開して終わります。アジアに向かった集団がオーストラリアにたどり着くのが4万7000年くらい前で、東アジアにもほぼ同時期に到達したと考えられます。ヨーロッパに現れたのはおよそ4万5000年前でした。2万年前よりも新しい時代になると、当時陸橋だったベーリング海峡を越えてアメリカ大陸に進入し、またたく間に南アメリカの最南端にまで到達しました。この時点で人類に残された未踏の土地は、南太平洋に点在する島々とニュージーランドだけでしたが、この地への到達は、はるか後の時代のことになります。今から6000年ほど前、中国の南

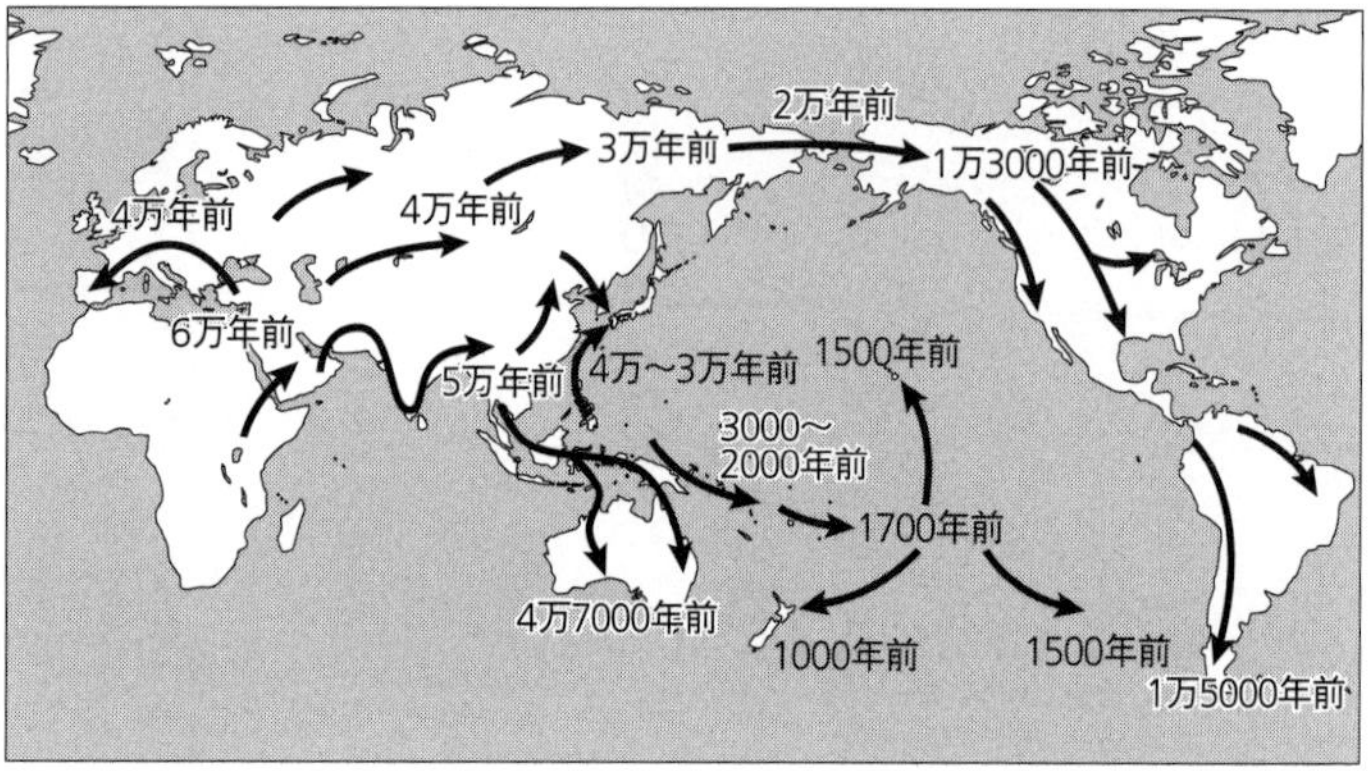


**図3-1　DNAと考古学的な証拠から描かれた、新人の初期拡散の経路とその時期**

部か台湾にいた先住民が農耕をたずさえて南下を始めたことを契機に開始されます。彼らは東南アジアの海岸線を進み、パプアニューギニアにたどり着きます。そして３０００年ほど前、そこをベースに南太平洋の島々へ乗りだしました。そして１０００年以上の年月をかけてこの広大な海域を征服したのです。

この人類の旅路を「初期拡散」と呼びます。ただし、最初に各地に展開したこの集団が現在のそれぞれの地域に住む人々の直接の祖先というわけではなく、その後の集団の間での離合集散によって、まったく異なる遺伝的な特徴を持った人々が居住することになったということが、古代人のゲノム研究の結果明らかになりつつあります。後に詳しく説明しますが、例えば日本列島には、１万６０００年前から３０００年ほど前まで、縄文人と呼ばれる人たちが住んでいました。彼らは今の日本人に遺伝子を残していますが、その割合は１割から２割程度であり、私たちの遺伝子の大部分は弥生時代以降に大陸から渡ってきた人々がもたらしたものなのです。

大航海時代、世界発見の旅に出たヨーロッパ人は、至る所でその地に暮らす人々と出会うことになりました。学校で新大陸を発見したのはコロンブスだと教わった人も多いと思います。しかし、それはヨーロッパ人から見た発見史であって、彼らは新しい大陸を発見した最初の人類だったわけではありません。実際には、人類の最初の旅がすでに終わっていたことを確認しただけだったのです。考古学や人類学が教える人類の世界への進出のシナリオは、ヨーロッパ中心の歴史書の記述とは大きく違っています。

この章では人類拡散の様子を、化石や遺物といったこれまで用いられてきた証拠ではなく、DNAのデータで探る方法について考えてみましょう。新人のアフリカ起源説にしたがえば、日本人の起源を探る旅はアフリカから始まります。その全貌を明らかにするということは、アフリカを出発した集団が、どのようにアジアに展開し、それがいつの時期、どのルートを通って日本に入ってきたか、ということを考えることになります。ですから私たち日本人の祖先をたどる旅は、アフリカに近い地域の記述から始まることになります。日本により近い東アジアは、直接の起源地として詳しく見ていくことが必要で、同時にそのことはアジアにおけるヒトの拡散と移動を明らかにすることにつながっていきます。「新人のアフリカ起源説」の枠組みのなかでは、日本人の起源論はアジア集団の移動と拡散の一部分として語られるものとなっているのです。

ミトコンドリアやY染色体DNAの系統図は、個人の持つDNA配列の違いに注目して、互いに近いもの同士からつなげていって作り上げます（前掲図2－1）。ですからできあがった系統図は、基本的には個人同士の近縁関係を表わしたものになります。しかしながら、ミトコンドリアＤＮＡの場合には個体間の変異が多すぎて、個人を対象にしていたのではまとまりがつきません。そこで先に述べた、塩基置換の比較的起こりにくい部分の遺伝子の突然変異を分類の基準にしたハプログループという概念を用いて話を進めることにします。この部分だと通常は数万年に1回程度の割合で突然変異が起こりますので、同一のハプログループは、数万年さかのぼると、祖先を共有する人たちの集団ということになります。

人類集団のなかでは、突然変異によって常に新しい塩基配列が生み出されていると考えられます。ですから同じハプログループのなかにも少しずつ塩基配列が異なった個体が存在しています。その大部分は最終的には子孫を残すことなく消えていきますが、たまたま多くの子孫を残す家系が現われると、その変異が集団のなかに固定されていきます。こうして新しいハプログループが生み出されることになるのです。もとのハプログループは、別のハプログループを生み出すこともあるでしょうし、それ自体が消滅することもあります。

初期の研究では、ハプログループの分類は、制限酵素によって切断されるかどうかを判定の基準にしていました。制限酵素で認識される部分は、ＤＮＡの配列のなかでもごく一部にすぎませんから、遺伝子をコードしている部分に起こるすべての変異を調べることはできませんでした。ですからハプログループの間の系統関係を正確に知ることは難しかったのです。ところが全塩基配列を簡単に決定できるようになると、すべての変異を網羅《もうら》的に調べることができるようになり、これまで認識されていたハプログループ以外にもたくさんのハプログループが定義されるようになりました。さらに、変異の起こった順番を類推することによって、それぞれのハプログループの系統関係を知ることができるようになったのです。ハプログループ間の関係がわかったことによって、多くのハプログループを生んだ祖先型のハプログループを、スーパーハプログループとか、マクロハプログループと定義することになりました。先に挙げたアフリカのL1〜L3やMやNといったハプログループは、その例です。また、ひとつのハプログループから分岐して細分化したものを、サブハプログループと呼ぶこともあります。

## ミトコンドリアDNAハプログループから見た人類の分岐

ハプログループ同士の系統関係を図式化して示したのが図3-2です。人類の共通祖先が持っていたハプログループは現在では消失していますが、そこからL1、L2、L3に属するハプログループが派生しています。これらのハプログループを持つのは、すべてアフリカに由来する人たちです。L3から、MとNという、アフリカ以外の世界に住む人々を生むことになったおおもとのハプログループが生まれます。そしてそこから、世界各地に見られるさまざまなハプログループが誕生しています。アフリカで生まれた、すべての人類の共通祖先のハプログループから、地

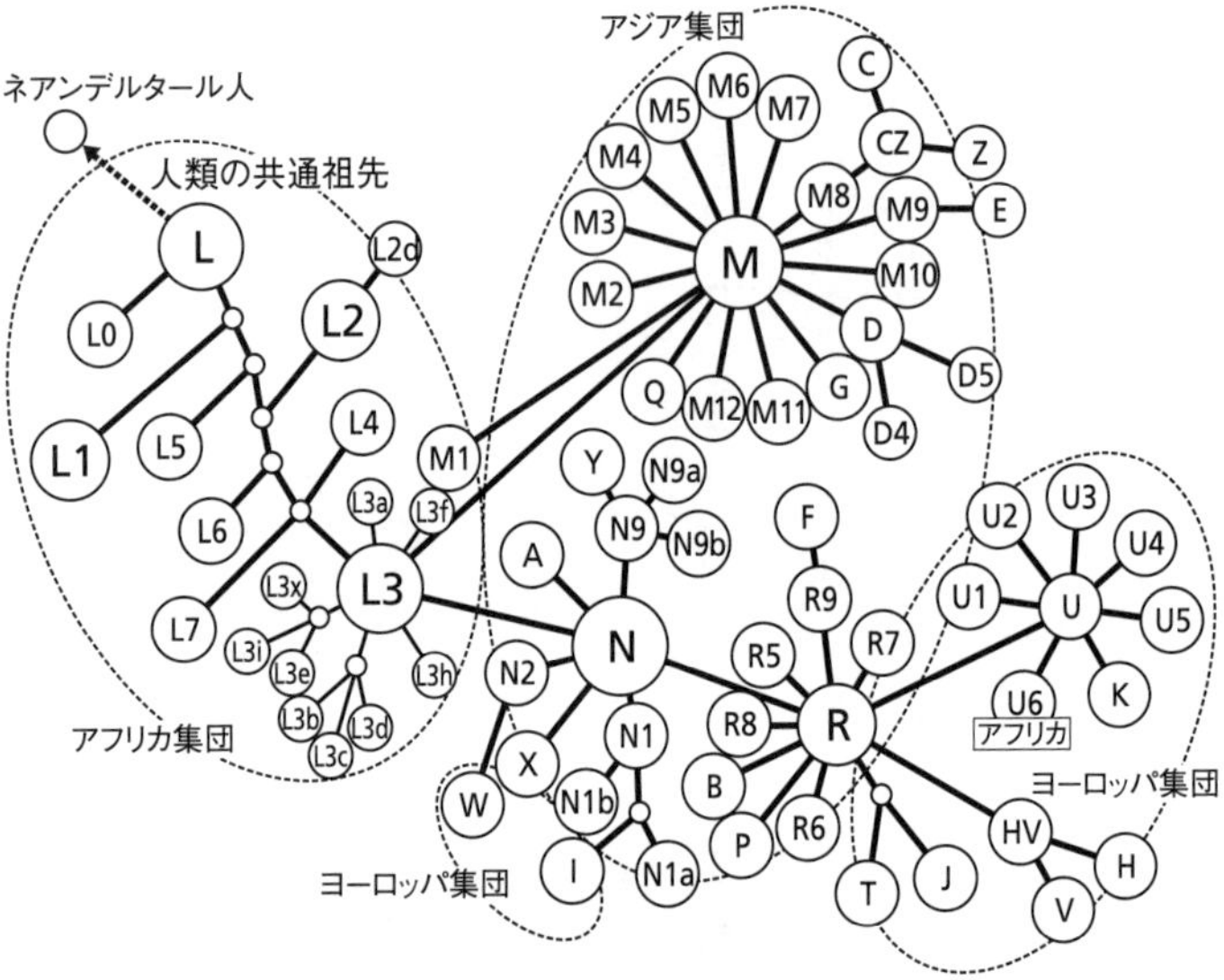


**図3-2　ミトコンドリアDNAのハプログループ間の系統関係**

ミトコンドリアDNAの全塩基配列をもとに描いたハプログループ間の系統関係。図中の記号はそれぞれの地域で生まれたミトコンドリアDNAのハプログループに付けられた学術的な名称である。それぞれのハプログループが存在する地域を点線で囲んでいる

域に固有のさまざまなハプログループが分岐していく様子は、そのまま人類の地球上への拡散の様子を物語っているのです。

ハプログループの生まれ方をよく見ると、アフリカとそれ以外の地域で異なっていることに気がつきます。現在アフリカに見られるハプログループは、それを直接生んだハプログループが消滅していて、相互の関係が近くありません。それに対して、アジア・ヨーロッパに見られるハプログループは大部分が直接M、Nから派生していて、星状の配置になっています。これは各ハプログループが生まれた歴史的な背景を反映したものなのです。アフリカでは、現在

あるハプログループの形成に時間がかかっているため、直接の祖先型が消滅しているのです。それに対し残りの世界では、少数の集団が人口を増やしていく過程でさまざまなハプログループを生み、しかも時間の経過が短いので共通の祖先から一度に子孫が生まれたようなかたちになっています。この図ではヨーロッパでのハプログループが詳しく書き込まれていますので、Uと呼ばれるハプログループから星状にさまざまなサブハプログループが派生していることがわかります。これはヨーロッパに進入した少数の集団から生まれたグループなのです。

図3－2は、基本的には前章で示した全世界の人々のミトコンドリアDNA全塩基配列をもとにした図（前掲図2－1）と同じものを表わしているのですが、アフリカ以外の地域における人類の拡散をよりわかりやすい形で示しています。人類の共通祖先が持っていたハプログループから直接派生しているハプログループは皆アフリカ大陸に存在しています。ハプログループMは基本的にはアジアに分布していますが、アフリカに見られるものもあります。M1と名付けられたハプログループがそれに当たります。これはいったん外に出た集団がアフリカに戻ってきたものと理解されます。このハプログループはエチオピアで見いだされました。一方、ハプログループNはアジアとヨーロッパに分布しています。一部はアフリカにも見られますが、こちらもヨーロッパに進出した集団の一部が北アフリカに戻ったことを示しています。このようにそれぞれのハプログループは、分布している地域が限定されていますので、系統関係が、人類の拡散の様子をある程度表わしていると予想されます。

なお前章で述べたように、現在では、ミトコンドリアＤＮＡを用いた研究と同様、Ｙ染色体の研究でも世界への拡散ルートを描くことができるようになっています（前掲図2－3）。本書では詳しい説明は省略しますが、大枠ではアフリカを出て世界に広がる経路に違いはありません。ただし、細部には両者の結果が一致しない部分もあり、研究の余地を残しています。

## 歴史を再現することの難しさ

これからハプログループの分岐パターンをもとに、詳しく人類の拡散の様子をたどっていくことにします。ただその前に、実はこのような方法にはいくつかの問題があることをお話ししておきましょう。

先に、系統関係の推定はＤＮＡ配列の似たもの同士からまとめて作り上げていくという説明をしました。そのためにいくつかの方法が提唱されており、いずれもコンピュータによる複雑な計算によって求められます。系統樹を作る際は、もっとも少ない突然変異で全体の系統関係を推定しようとします。これには、自然はもっとも無駄のない振る舞いをする、という科学の哲学が反映しているのですが、実は必ずしもそれが真実であることを保証するものではありません。たとえば同じところに変異が見られる２つの個体があったときに、それが共通の祖先から派生したので同じ変異を持っているのか、あるいはそれぞれに独立に同じところに変化が起こって、結果として同じDNA配列を持っているのかは、それだけを見てもわかりません。このような現象を専門用語では「多重置換」と呼びます。一般に近縁な関係を持つ配列では多重置換は起こりにくいのですが、ミトコンドリアDNAのように塩基置換の速度が非常に速いDNAでは、しばしばこの現象が起こることが知られています。多重置換を補正して系統樹を推定するための数学的方法がいろいろと工夫されていますが、得られた系統樹は本当に歴史の過程で起こったことを描き出しているとは限らず、あくまでも統計学的に見てもっとも妥当な系統関係を示しているだけなのです。

その他にも、計算に用いるデータの質も結果に大きな影響を与えます。どの程度の個体を解析して結論を出しているのかに注意しないと、結論だけが一人歩きをして誤解を生むことがあります。また集団の比較をする場合は、あらかじめ何らかの基準で集団を定義していますから、それが適切なものかを検証しておく必要もあります。一般には、科学雑誌に掲載された論文の場合、それらの問題は査読制度によって保証されていると考えられますが、地域集団の込み入った事情まで査読者が理解していない場合もあります。

これらの問題は計算機がはき出してくる系統図を鵜呑《うの》みにするのは危険だということを示しています。私たちは歴史の過程を見ているのであって、理論的に導かれる最適のルートを探しているわけではありません。解析の方法やデータの質によっては、必ずしもDNAの系統樹が描き出す拡散のルートが正しいとは限らないのです。最終的な人類の足跡は、化石や考古学的な研究から得られた成果とあわせて考えていかなければならないことを常に意識しておく必要があります。

## 核ゲノムで再現するヨーロッパの歴史

ヨーロッパの考古学や人類学には19世紀以来の蓄積がありますから、世界のどの地域よりもくわしい研究が行われています。ここでは、それらの研究の成果とあわせて、核ゲノムとりわけ古代ゲノム分析が描き出す、ヨーロッパにおける人類の拡散と現代に至る歴史について見ていくことで、ミトコンドリアDNAやY染色体DNAの系統分析とは異なる手法で描かれる集団の歴史を説明します。ここで使われているのが第1章で説明した、ゲノムの中に存在する1塩基の多型、SNPです。個体の持つSNPの組み合わせから、集団の遺伝的な性格を追求していくのです。

ヨーロッパの歴史というと、通常ギリシャやローマ時代以降が取り上げられますが、そこに至るまでにも長い歴史があります。最初に考古学の研究によって明らかになっているヨーロッパの最終氷河期の姿について少し説明しておくことにしましょう。

ヨーロッパには4万5000年ほど前に私たちの祖先が到達したと考えられていますが、そこには長らくネアンデルタール人が住んでいました。私たちの祖先と彼らは少なくとも数千年にわたって共存していたと考えられています。この時期は氷河期のさなかでしたので、ヨーロッパの広い範囲が氷床《ひょうしょう》で覆われ、気候はより乾燥していたと考えられています。考古学者は石器の形式をもとに、このヴュルム氷期と呼ばれている最後の氷河期に展開した私たちの祖先の文化を、いくつかの時代に区分しています。およそ4万年前から2万8000年前までをオーリニャック文化、2万8000年前から2万1000年前までをグラベット文化と呼びます。その後の2万1000年前から1万6500年前にヨーロッパの中心的な文化となったのがソリュートレ文化です。氷河期でも長期的な気候の変動があったので、気候が比較的温暖な時期に人々はヨーロッパ大陸を北上し、寒くなると温暖な地域を求めて南下するというパターンを取りました。グラベット文化期の頃、氷河期は最盛期を迎えました。約5000年間続いたこの時代に、北方から南下した人々が利用した地域のひとつが南西フランスのペリゴール地方で、この地域を中心として1万8000年前から1万1000年前までの期間、マグダレニアンと呼ばれる文化が栄えました。ラスコーやアルタミラといった洞窟に見事な壁画を残したのがこの文化です。

これらの文化を担った人々が狩猟採集民であったことはわかっていますが、それぞれの文化を担った人々の関係などについてはまったくわかっていませんでした。また一般にはヨーロッパ社会は、狩猟採集民が居住していた地域に、1万年前以降に中東地域から農耕が持ち込まれて農耕社会に移行したので、現在のヨーロッパ人はこの狩猟採集民と農耕民をベースとして成立したと考えられてきました。しかし近年、古代人のゲノム解析が進んだことで、ヨーロッパ人の形成にはそれ以外の集団の関与があったことも明らかになりつつあります。

## ヨーロッパにおける狩猟採集民の系統

最初にヨーロッパに到達した人々のなかには、その後に続く狩猟採集民にはつながらない人々がいたことが、古代ゲノム解析で明らかになっています。2008年にシベリア西部のウスチイシム近郊のイルティシ川の土手で、およそ4万5000年前のホモ・サピエンスの男性の左大腿骨が発見され、DNAの分析が行われました。今のところゲノムが解析されたもっとも古いホモ・サピエンスであるこの人物のゲノムには、約2％のネアンデルタール人由来の領域が確認されました。そしてこの人物の持つゲノムの解析から、ホモ・サピエンスとネアンデルタール人の交雑の時期が計算され、それはおよそ6万〜5万年前に起こったことが明らかとなりました。

一方、ルーマニアの洞窟から発見された4万年ほど前の人骨は、6〜9％ものネアンデルタール人由来のDNAを保持しており、祖先が数世代前にネアンデルタール人と混血したことが示唆されています。これらの人骨はネアンデルタール人との関係で言及されることが多いのですが、そのゲノムは後のヨーロッパの古代人とは関係がないこともわかっています。4万年以上前のヨーロッパには、現代に遺伝子を残していない集団の進入があったようです。

4万年前よりも新しいオーリニャック文化期の人骨のDNA解析では、彼らが後のヨーロッパ全体に広がる狩猟採集集団の祖先であることが明らかになりました。ヨーロッパの広範な地域に拡散した彼らは、その先々で独自の発達をしたようです。そして東方に広がった集団の中から、後のグラベット文化を担った人が現われます。彼らは西に進んで、そこにいたオーリニャック文化の継承者たちに取って代わったことが、古代ゲノム解析で明らかになっています。ヨーロッパ各地でのオーリニャック文化からグラベット文化への移行は集団の交代を伴ったものだったようです。

さらに、このグラベット文化から次のマグダレニアン文化期への移行でも、集団の交代があったことがわかっています。グラベット文化の末期は最終氷期の最寒期に向かう時期で、ヨーロッパの多くが人の居住に適さない地域になっていました。古代ゲノム解析は、マグダレニアン文化を担った人々が、この最寒期が終わったあと、後退する氷河の後を追うようにイベリア半島からヨーロッパ全土に広がり、在来の集団と入れ替わっていったと予想しています。彼らは系統としてはグラベット文化人ではなく、その前のオーリニャック文化の系統に属する人々でした。厳しい氷河期のなかで、ヨーロッパの隠れ家のような地域に隔離されていた人々のなかから、マグダレニアン文化を創造した人が現われたようです。彼らは5000年にわたり栄え、前述したようにフランスやスペインに見事な洞窟壁画を残しました。しかしその彼らもヨーロッパ最後の狩猟採集民というわけではありませんでした。

1万4000年ほど前に最後の氷河期が終わります。その時期にマグダレニアンの人々とはまったく異なる遺伝子を持った人々が、バルカン半島などの南東ヨーロッパから拡散を始め、やがてヨーロッパを席巻したと推察されています。この集団は中東とも遺伝的につながっていたようで、それまでヨーロッパだけで拡散と分化を繰り返していた狩猟採集民は、この時期になって中東と近縁な集団となりました。古代ゲノムの解析は、ヨーロッパにおける狩猟採集文化の変容と集団の交替の関係を明らかにしつつあります。

## ヨーロッパの農耕民

前述したように、これまで現代のヨーロッパ人は狩猟採集民を土台として、農耕民が混合することによって成立したと考えられてきました。ヨーロッパの初期農耕に備わっている多くのもの、たとえばエンマコムギや大麦、ヒツジやヤギといった家畜は新石器時代の始まりの頃に中東から持ち込まれたものだと考えられています。したがって、農耕は中東からやってきた人々がたずさえてきたことになりますが、彼らがその後のヨーロッパの人口にどの程度の影響を与えたのかについては、2つの極端な仮説が提唱されています。ひとつは中東からやってきた農耕民によってヨーロッパの人口が置換されてしまったと考えるもの、他方は在来の狩猟採集民が農耕文化を受け入れたと仮定して、農耕民の遺伝的な影響はごくわずかであったと考えるものです。本当の状況は、おそらくこの極端な2つの仮説の中間にあるのでしょうが、その影響を評価することは困難でした。しかし2016年以降、農耕がヨーロッパにもたらされた1万年前よりも新しい時代の人骨のゲノム解析が行われ、その様子が明らかになっています。この議論は、日本における縄文人と弥生人の関係に似ていて、私たちにとっても大変興味深い問題です。

農耕開始期の中東の古人骨から得られたゲノムデータで、そもそも中東の農耕民は単一の集団ではないことが判明しました。イラン周辺の農耕民とイスラエル・ヨルダンの付近の農耕民、そしてトルコ中部のアナトリア付近、いわゆる肥沃《ひよく》な三角地帯の農耕民は、共にその地域の狩猟採集民の直系の子孫でありながら、互いの遺伝子は現代のヨーロッパ人とアジア人ほど異なっていました。この地域では、農耕という技術はヒトの移動ではなく、技術そのものが、異なる集団の間を伝播《でんぱ》したようです。また一方では、農耕民の人口が増加することで、相互の間に人的な交流が生まれ、互いの遺伝的な差異は時代と共に小さなものになっていきました。

1万1000年前以降、アナトリアの農耕民は西に拡散を始めます。彼らは7000年前にはイベリア半島に、6000年前には英国に到達しました。農耕到達以前のヨーロッパの狩猟採集民の遺伝子と農耕民の遺伝子を比べると、両者は大きく異なっており、中東とは違ってヨーロッパでは農耕民そのものが拡散を続け、狩猟採集民の影響は小さくなっていきました。ただし地域のデータが揃ってくると、狩猟採集民と農耕民に由来する遺伝子の比率は、場所によって異なっていることも示唆されるようになりました。両者の混合の様子は、地域や時代によっても異なるものだったようです。

## ヨーロッパ人の遺伝子を一変させた牧畜民の流入

およそ5000年前までのヨーロッパ人の遺伝子の構成を知るためには、この狩猟採集民と農耕民の混合について考えればよかったのですが、古代ゲノムの解析例が増えていくと、これ以降のヨーロッパ集団の持つ遺伝子は、双方の集団の混合では説明が付かないほど大きく変化することが明らかになりました。驚くべきことに、5000年前までは、現在の北方のヨーロッパ人の直接の祖先はまだヨーロッパには到達していなかったのです。彼らの祖先はユーラシア大陸のステップ（草原帯）の牧畜民でした。

5000年ほど前に、ハンガリーからアルタイ山脈の間に広がるステップ地域で、ヤムナヤと呼ばれる牧畜民の文化が生まれます。彼らはゲノム解析の結果、それまでのステップ地域の集団に南方のイランやアルメニアからの集団が合流して形成されたと考えられていますが、車輪を用いたことで瞬く間に広範な地域に拡散を成し遂げました。この集団がヨーロッパの農耕社会の遺伝的な構成を大きく変えることになったのです。彼らの流入後、ドイツの農民の遺伝子の4分の3がヤムナヤ由来の遺伝子に置き換わりました。ただし、ヤムナヤの遺伝子の流入にも地域差があり、基本的には北方ほど影響が大きかったようです。イベリア半島では集団の遺伝子構造を一変するような流入はなかったようですが、イギリスでは、ストーンヘンジを造った先住集団が現代人に伝えている遺伝子は1割程度で、残りはヤムナヤに由来するものになっています。

よく知られているように、ヨーロッパの言語はインド－ヨーロッパ語族と呼ばれるグループに分類されます。それはヨーロッパに農耕をもたらした人々が話した言語だと捉えられており、アナトリアからヨーロッパに広がった集団とインドに向かった農耕民のグループがいたために、双方に祖語が共通の人々が展開することになったという考え方が支配的でした。しかし、古代ゲノム解析により5000年前以降の大規模なヤムナヤ集団の拡大が明らかになったことで、この言語学の定説にも疑義が持たれるようになりました。拡散の時期と規模を考えると、ヤムナヤ集団がインド－ヨーロッパ語の祖語を話していたと考える方が合理的です。ただし、ヤムナヤ集団の成立に関しては、まだ完全なシナリオが描かれているわけではなく、そもそものインド－ヨーロッパ語の祖語がどこで成立したのかはわかっていません。しかし、古代ゲノム解析はやがてこの問題にも結論を出すでしょう。古代ゲノムの解析は考古学や歴史学だけでなく、言語学にも大きな影響を与えるようになっています。

# 第4章
# アジアへの展開

## 南アジアの状況

第２章で述べたように、ＤＮＡの研究からは、最初にアフリカから出た人々は、海岸線を伝って南アジア、そしてオーストラリアまで到達したと考えられています（前掲図2-5）。ただし、その人たちが現在の東アジアの集団とどのような関係にあるのかは今のところ明確にはわかっていません。アフリカから東アジアへの拡散を考えるときに大まかには２つのルートが想定されます。ひとつは南アジアを経由するもの、もうひとつはヒマラヤ山脈の北を通過する経路です。北方ルートに関しては、２万４０００年程前のバイカル湖周辺の遺跡から発見された人骨のゲノム解析によって、中東地域から北上してシベリアに進出した集団がいたことが明らかになっています。彼らはヨーロッパ人との共通の祖先から分岐した人々だったようですが、このことについては後で解説します。

もう一方の南回りのルートを考えるときに重要な情報を提供してくれるのは、言うまでもなくその途中にある南アジアのデータです。インドでは比較的多くの現代人のDNAデータが蓄積されていることもあって、おぼろげながらこの地域の集団の形成史が明らかになっています。現在のインドは10億人以上の人口と100以上の言語を持つ多民族国家です。現代人に見られる多様なミトコンドリアDNAの系統からは、人類がアフリカを旅立ってこの地に到達して以来、一貫して多くの人口を抱えていたことが示唆されています。それぞれの集団は基本的には宗教と言語によって規定されていますが、カーストと呼ばれる身分制度も存在しています。さらに、カーストに属さない部族集団も総人口の7・8%ほど存在しており、非常に複雑な社会構造を持っています。

インドで使用されている言語は大きく4つの語族に分類することができるとされています。そのうち最大のものが、ヒンディー語に代表されるインド・アーリア語族に属する言語で、人口の約80%が話しています。次に多いのがドラビダ語族の諸言語で、南インドを中心に約18%の人々が使っています。この他に、ヒマラヤ山麓の集団が話すシノ-チベット語族系の言語と、ビハールやベンガル湾東側に住む部族集団が話すオーストロアジア語族の言語が存在しますが、人口に占める割合はそれぞれ1・3%、0・7%とわずかです。このように系統の異なる言語が使われていることからも、インドが異なる集団の合流によって形成されたことが予想できますし、言語の分布からは、南北に異なる集団が存在していることもうかがえます。

　図4−1はインド人の持つミトコンドリアDNAハプログループの系統を表したものです。ハプログループMから直接分岐する7つのハプログループはいずれもインドにしか分布しない特殊なものです。人口に占める割合が10%に達する、最大のハプログループであるM2は、7万〜5万年前に分岐したとされる非常に古い系統ですが、ドラビダ語族の集団に多いという特徴を持っています。このドラビダ語族は、インドにある語族のうちで唯一、他の地域に見ることのできない言語グループですので、あるいはこのハプログループの古い歴史は、この語族の誕生と歴史に関係があるのかもしれません。ただし、その他のハプログループMに属する系統は、特に言語との関連を持つものはないようです。

　インドの北西地域に多く、おそらくそれより西のイランなどからの流入によって形成されたハプログループWと、ハプログループUの系統を除いて、ハプログループNの系統はハプログループRから分岐しています。このハプログループRから派生する系統でも、ハ

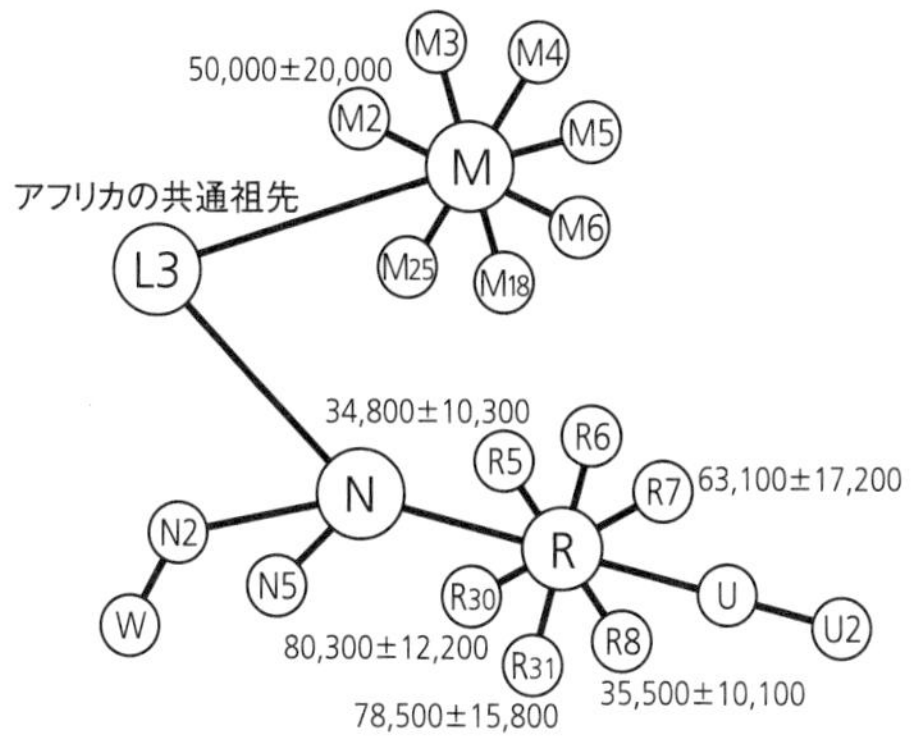


**図4-1　インドに分布するミトコンドリアDNAハプログループの系統とその分岐年代**

プログループMの系統と同じように、インドには、分岐の年代が古く、他の地域に見られない固有のグループが多く存在します。

インドにおけるミトコンドリアDNAハプログループの分布で注目すべき点は、この地域がハプログループMのユーラシア大陸における西の境界になっていることです。この結果からは、インドでは初期に南アジアに到達した人類集団が、他からの遺伝的な影響をあまり受けずに独自の集団を形成していったシナリオが想定されます。ミトコンドリアDNAを用いた研究では、インドにおける新石器時代以降の人口の流入は10％程度であったと計算されています。

しかしY染色体DNAの研究では、それとはまったく異なる結果が示されています。インド人の男性の持つY染色体DNAのハプログループのかなりの部分は、ヨーロッパなどの西ユーラシアの人々と共通のタイプなのです。つまり、北方系の集団の影響が強いということになります。さらに、現代のインド人の核ゲノムを解析してみると、彼らは北方のヨーロッパ人と祖先を共有するグループと、もともとインドにいた在来の南インド集団との混合によって形成されたことがわかりました。またその混合の比率は、地域によって20～80％と幅があり、全体として均一な集団になっていないことも明らかとなっています。これには、過去３０００年にわたって保持されていたと考えられているカースト制度が関係していると指摘する研究もあります。インドでは地域間や社会階層をまたいだ婚姻が他の地域よりも制限されていたために、地域集団による遺伝的な違いが長い間保持されているようです。

言語の分布が予想する通り、現代のインド人は集団の混合によって形成されたことが、現代人のDNA分析でわかりました。ただし、この混合の結果、Y染色体DNAに関しては、主として北方系の男性のものが優勢となり、ミトコンドリアのDNAは在来のものが主体となったようです。実は、集団が混じり合うときにこのような男女比の違いが生じることは珍しくありません。南米大陸の先住民を調べてみると、ミトコンドリアDNAの8割は在来のタイプですが、Y染色体のDNAの8割はヨーロッパ人に由来するという研究結果もあります。社会的な力の差が長期にわたって続くと遺伝子の構成も変化することを示す事実ですが、実際にインドで何が起こったのかは、詳しくはわかっていません。

それでは、このような混合はどのようにして起こったのでしょうか。インドでは9000年ほど前の新石器時代に中東から農耕が持ち込まれます。混合は中東の人々の到達を契機に起こったと考えたくなるのですが、実際のゲノムを分析した結果、北方の集団と南方の在来集団との混合は4000年ほど前に始まったことが明らかとなりました。これは4600～3800年前に栄えたインダス文明の時代にあたります。DNAの分析の結果は、インダス文明が衰退していった時期に現在につながる集団の形成が始まっていたことを示していて、初期農耕とは関係がないという結論を導いているのです。現代人のDNA分析からはここまでしかわかりませんが、近年、古代ゲノムの解析が進んだことで、ヨーロッパと同様にそのシナリオも明らかになってきました。

## 古代ゲノム解析が明らかにするインド－ヨーロッパ集団の成立

２０１８年には、イランやウズベキスタンなどの中央アジア南部、カザフスタンやロシアの西部から中央ステップ地域、パキスタン北部など、中央アジアの広範な地域から集められた６１２体分もの古代ゲノムが解析された結果が発表されています。この研究によって、中央アジアから南アジアの集団の成立の複雑なシナリオが見えてきました。

前述したように現代のインドの人たちは、北方集団と南方集団の混合で、北方集団は農耕をもたらした集団で、南方集団は初期拡散でインドに定着した狩猟採集集団だと考えられていました。しかし、この在来の南方集団自体も、古くからインドにいた狩猟採集民と、９０００年前以降に現在のイラン付近にあたる西方の地域からやってきた初期農耕民と混合して構成されたものだったことが明らかとなりました。５０００年ほどの時間をかけて両者が混合し、その後に北方集団との新たな混合が起こったようなのです。現代人のゲノム分析と考古学的な結論との齟齬《そご》は、このような事情を見逃したことに起因していました。さらに、４０００年前にやってきた北方集団は、第3章で説明した、ヨーロッパ人の成立に関与した牧畜民の系統を引いていることも明らかとなりました。

図4－2は、古代ゲノム解析が明らかにしたヨーロッパと南アジア、中央アジア集団の成立の歴史を示したものです。いずれも初期拡散で到達した狩猟採集民社会に、１万年前以降に中東か

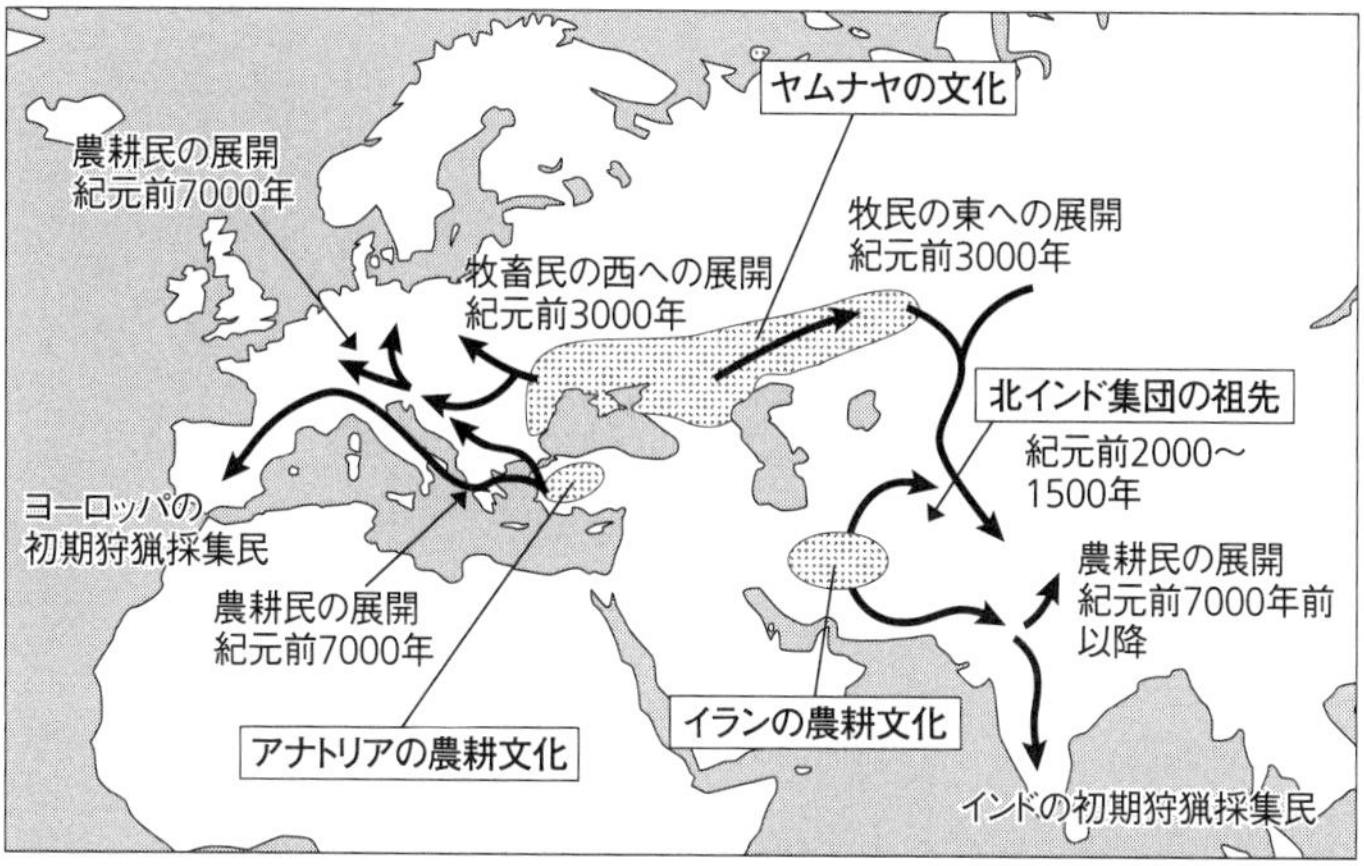


**図4-2　ヨーロッパとインドにおける集団の形成過程**

ヨーロッパとインドには初期拡散で狩猟採集民が定着し、その後、1万年前より新しい時代に、それぞれアナトリアとイラン周辺からの農耕民が進出し、両者は交雑して新たな集団となった。5000年前以降になると、再び双方にステップの牧畜民（ヤムナヤ文化）が進入し、さらに交雑を重ねることで、今に続く遺伝子の構成が完成した（Narasimhan et al. 2018 を改変）

らやってきた初期農耕民が合流して新たな集団が形成されます。その後、５０００年前より新しい時代に、ステップの牧畜民がそれぞれの地域に進入して新たな混合が始まり、それが落ち着くことで現在につながる集団の遺伝的な構成が生み出されていきました。こうしてみると、ヨーロッパと南アジアは、中東を境として鏡像のような形で集団が形成されていったことがわかります。

## 東アジアと東南アジア
## ——南北に分かれる世界

ミトコンドリアＤＮＡの分析からは、アフリカを出発した人類が７万～６万年前以降にアジアの各地に進出したと推定されています。

しかしながら、新人が本格的にアジアに展開したと考えられるこの時期の人類化石は、アジアではほとんど発見されておらず、化石からその移住のルートを復元することは難しいのが現状です。また、中東や中国ではそれよりも前の時代のホモ・サピエンスの化石の報告も続いており、人類の出アフリカは何回もの試行錯誤の末に成し遂げられたものだという可能性も指摘されるようになっています。そんななかでDNAの分析からは、東アジアでどのような拡散があったと考えられているのでしょうか。これから見ていくことにします。

オーストラリアの先住民であるアボリジニやパプアニューギニアの人たち、そして東南アジアの先住民のなかには、直接アフリカに結びつく分岐の深いミトコンドリアDNAの系統が点在しています。最初にアフリカを出た人たちがもたらしたと考えられているハプログループです。彼らが東南アジアにたどり着いたとき、そこには氷河期の海水面の低下によって、スンダランドと呼ばれる広大な陸地が広がっていました。パプアニューギニアやオーストラリアを含む地域もつながってサフールランドと呼ばれる大陸を形成していましたが、スンダランドとの間は海で隔てられていました。すでにアフリカを出る際に紅海を渡っていた彼らにとって、この海峡を越えることはさほど困難ではなかったようで、比較的早い時期にオーストラリアに居住したことが知られています。

この地域に見られる古いタイプのミトコンドリアDNAハプログループのなかで、最初に発見されたのはパプアニューギニアやオーストラリアに分布するハプログループPとQでした。そ

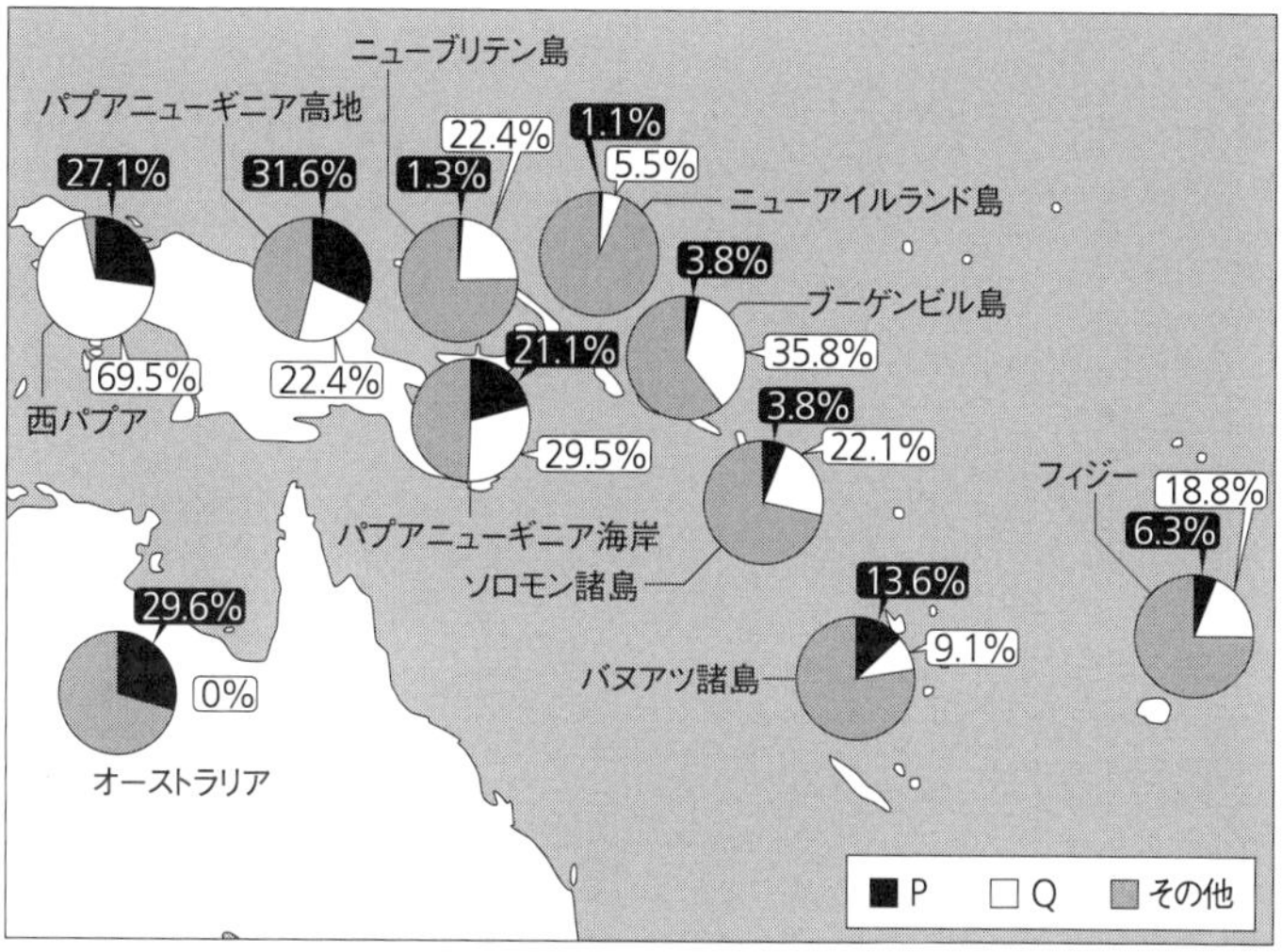


**図4-3　ハプログループPとQの分布**

ニューギニアを中心にして、南太平洋を東に向かうにつれて頻度が減少する。その分布はメラネシアまでで、ポリネシアとミクロネシアには分布しない

の集団内の頻度を図にしてみました（図4-3）。これを見るとその分布の広がりはニューギニアに近いメラネシアの諸島に限られることがわかります。さらに遠洋のミクロネシアやポリネシアには、後の時代になって別の集団が乗り出すのです。この分布を見ると、最初にニューギニアやオーストラリアに到達した人たちは、その後の歴史のなかであまり分布を広げることはなかったことがわかります。なお、100年前のアボリジニの毛髪サンプルを使った核ゲノムの研究でも、彼らが他の集団から早期に分岐したことが示されており、ミトコンドリアDNAの分析と同様の結論が導かれています。

これらのハプログループを除くと、東南アジアから東アジアの人類集団、いわゆる

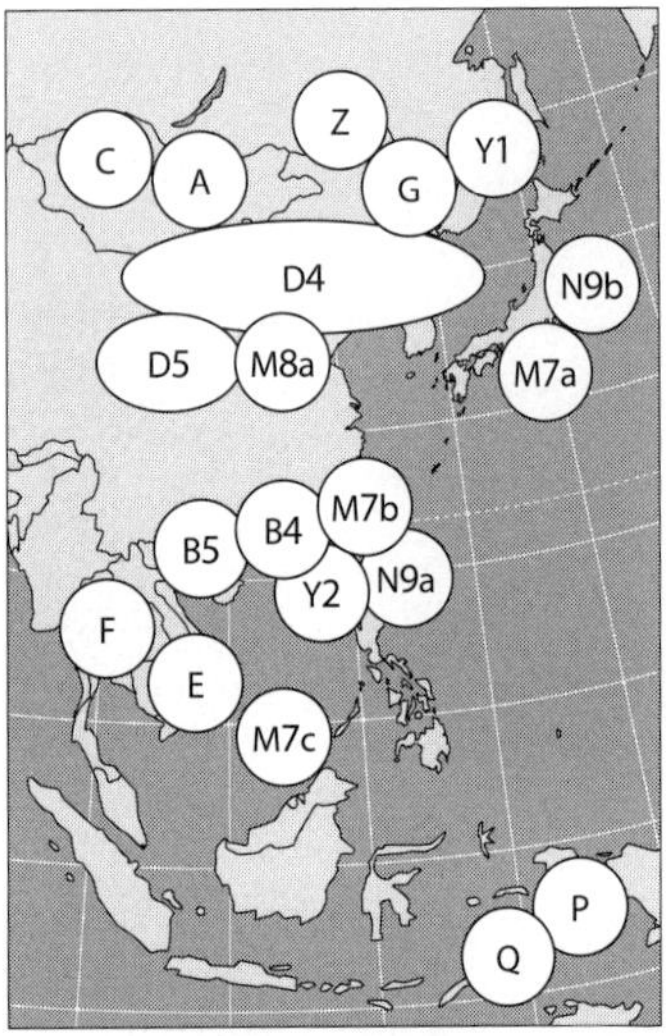


**図4-4　東南アジアから東アジアにかけての地域におけるミトコンドリアDNAハプログループの分布の中心地**

モンゴロイドのミトコンドリアＤＮＡの主要なハプログループは、主として東南アジアから中国南部にかけて分布するものと、大陸中央部からバイカル湖を中心とした北方アジアに分布するもの、アムール川の流域を中心とした沿海州に分布するもの、の３つのグループに分けることができます（図４－４）。南のグループとしては、Ｂ、Ｅ、Ｆ、Ｍ７、Ｍ９とそのサブグループが、北のグループとしてはＡ、Ｄ、Ｍ８とそのサブグループが、沿海州ではＹ、Ｚ、Ｇが挙げられます。もちろん、それぞれは分布の中心が南北いずれかに偏っているだけで、厳密に境界が引けるものではないことには注意する必要があります。なお、図からもわかるように、ハプログループのなかには、Ｍ７ａとＮ９ｂという、ほぼ日本列島にだけ存在するものがあります。このハプログループは日本人の成り立ちを考えるときに非常に重要なグループなので、後の章で詳しく解説します。

　これらの事実をまとめると、まずパプアニューギニアやオーストラリアにまで到達する非常に古い時代の拡散があり、その後、インドや中央アジアから別の拡散の波が起こって、東南アジアから東アジアの地域では、集団が南から北に進出していくことで、最終的に南北に異なるハプログループの分布が形成されたということになります。しかし、そもそもオーストラリアやパプアニューギニアも含めて、東南アジアや東アジアへの人類の進出は1回だけだったと結論する研究もあります。初期拡散の様相の解明にはまだ時間がかかりそうです。

本書の冒頭で紹介したデニソワ人のDNAを受け継いでいるのは、主としてこの最初期の拡散を成し遂げたと考えられるパプアニューギニアやオーストラリアの先住民です。これは彼らの祖先が東南アジアのあたりでデニソワ人に出会ったと考えると理解できます。その後、デニソワ人は絶滅してしまったので他の地域の現代人には伝わらなかったのでしょう。シベリアで発見されたデニソワ人がパプアの人たちにDNAを伝えたというのは理解しにくい話ですが、最近では複数のデニソワ人の核ゲノムが分析され、彼らにもシベリアのものとそれより南の2つの系統があったとする報告もあります。この南のグループが交雑したと考えれば理解できます。ただし決定的な結論を出すためには、シベリア以外でデニソワ人の系統に属する人類化石を見つけて、そのDNAを解析する必要があります。近年、東南アジアでは新たな原人化石の発見が報告されています。あるいはそのどれかがデニソワ人である可能性もあるので、将来的にはこの問題も化石とゲノムの研究から解決できるかもしれません。

## 東南アジアと東アジアの集団の特徴

21世紀になると、ＳＮＰ（一塩基多型）解析を利用して、アジア集団の遺伝的多様性を比較する研究も急速に発展しました。２００９年には日本のグループも参加した、東南アジアから北東アジアにかけての集団のＳＮＰデータの解析結果が公表され、アジアの集団の遺伝的な分化は基本的に言語集団に対応していることが示されています。これは同じ言語集団に属する人々は似たような遺伝的構成を持っているということで、不思議な話ではありません。また、東南アジア集団の方が東アジアの集団よりも遺伝的な多様性が大きく、東アジア集団が持つ遺伝的な変異の90％以上が東南アジアか南アジアにもあること、遺伝的な多様性は東南アジアから東アジアに向けて減少していくことなどが判明しています。これは東アジア集団が、基本的には東南アジアから移動した集団によって形成されたことを意味しています。

東南アジアと東アジアに分布の中心を持つミトコンドリアＤＮＡのハプログループの成立年代を比較すると、東南アジアの方が古いこともわかっています。これは南から北上していくなかで、新たなハプログループが誕生していったと考えると理解できます。前掲図４－４に示した各ハプログループの分布も、このようにしてできあがったものなのでしょう。

Ｙ染色体ＤＮＡのハプログループでは、東アジアの１３７集団、６３０８名のデータを用いた研究があります。その結果を見ると、東アジアの男性が持つハプログループの93％は東南アジアからもたらされたものでした。それ以外は主として中央アジアの集団に見いだされるハプログループなので、これはシルクロードにあたる地域を通じた交流の結果、西ユーラシアから流入したと考えられています。これらのＤＮＡの証拠から、この地域では基本的には集団は南から北上していき、それぞれの地域集団が形成されていったと考えてよさそうです。ただし、東南アジアや東アジアでは、その後の歴史のなかで大規模な集団の移住が何度も起こっており、それが現在に続く集団の遺伝的な構成に大きな影響を与えています。

## 中央アジア――シルクロード、北の回廊

東アジアへのもう1つのルートである中央アジアの状況を考えてみましょう。中央アジアはカスピ海の東側からウズベキスタン、タジキスタン、トゥルクメニスタン、キルギスタン、カザフスタンといった旧ソビエト連邦の諸国と中国の西域、さらにモンゴル、チベットまでも含む広大な地域です。この地域にはネアンデルタール人の遺跡としてはもっとも東に位置する、テシュク・タシュ遺跡もあり、私たちの祖先がアフリカを出る前から、先行人類が居住していたことが知られています。ネアンデルタール人と入れ替わるようにヨーロッパに進出した私たちの祖先も、この地域に足を踏み入れたことは間違いありません。

本章の始めに紹介した、バイカル湖周辺の遺跡についてここで説明しておきましょう。このマ

リタ遺跡と呼ばれる2万4000年前の集落遺跡からは、ヨーロッパの後期旧石器時代と同様の芸術的水準の高さを示すマンモスの牙製の彫刻品が多数発見されています。彼らは考古学や人類学的な研究から、北方系のアジア人の祖先であると考えられていたのですが、マリタ1号と名付けられた3〜4歳の幼児のDNAを調べてみると、そのミトコンドリアDNAは、ヨーロッパの後期旧石器から中石器時代の狩猟採集民にもっとも多いハプログループUであり、Y染色体DNAの系統は現在の西ユーラシアに基本的な系統で、アメリカ先住民の系統の根本にあたるものだったのです。核ゲノムは基本的には西ユーラシア集団のものであり、現在の東アジア集団との類縁性は認められませんでした。さらにアメリカ先住民のゲノムとの比較研究から、彼らと共通する遺伝的要素を持っていることも確認されました。この研究では、アメリカ先住民の祖先のゲノムのうち、14〜38%がこの集団に由来すると推定されています。現代のアメリカ先住民に見られるヨーロッパ系遺伝子は、一般には植民地時代以降に入ったものだと考えられていましたが、実際は最初のアメリカ人による流入もあるようです。2万4000年前には西ユーラシア集団が、より北東の地域に分布しており、最終氷期の最寒期以前に、ユーラシア大陸の西方からバイカル湖周辺に至る地域へ集団の移動があったことが、ゲノム解析によって証明されつつあります。

私たちは中央アジアというと東西社会を結ぶ交通路としての姿を思い浮かべます。実際にはこの地域は、古来よりオアシス都市の定住民と草原の遊牧民の社会が成立しており、複雑な歴史を持っています。新石器時代には、この地域の住民は馬を家畜化し、馬車を発明してその後の世界史に大きな影響を与えました。中央アジアが初めて歴史に登場するのは紀元前8世紀から紀元前3世紀にかけて活動した世界最古の遊牧騎馬民族国家スキタイの成立からですが、ヘロドトスの歴史書には、彼らがヨーロッパ人と同じ容貌を持つ人たちであったことが記載されています。この遊牧民の祖先が、インドやヨーロッパ集団の形成に大きな影響を与えたことは前述しました。

紀元前2世紀には、後にシルクロードとして知られるようになる、地中海と東アジアを結ぶ交易路が中国によって開かれました。海上交通が東西の主要な交易路となる16世紀まで、主にこの地域を通じてヨーロッパと東アジアの文物が流通していたのはご存じのとおりです。この地域は歴史時代を通じてさまざまな民族によるいくつもの国家が興亡したことが知られています。このような歴史背景を持った地域の古人骨ゲノムの解析は現在、猛烈な勢いで進んでおり、新たな知見が積み重なりつつありますが、本書のテーマである日本人の起源には直接関係しませんから、ここではこれ以上深入りすることは避けておきます。

## 新大陸へ渡った人たち——南北アメリカ

私たち日本人の話をする前に少し寄り道をして、アジアから飛び出して南北アメリカ大陸に渡った人たちの話をしましょう。2004年の冬、ペルーのナスカ地方から出土したミイラを研究するために、私たちは首都リマにある国立考古学人類学歴史学博物館を訪ねました。この博物

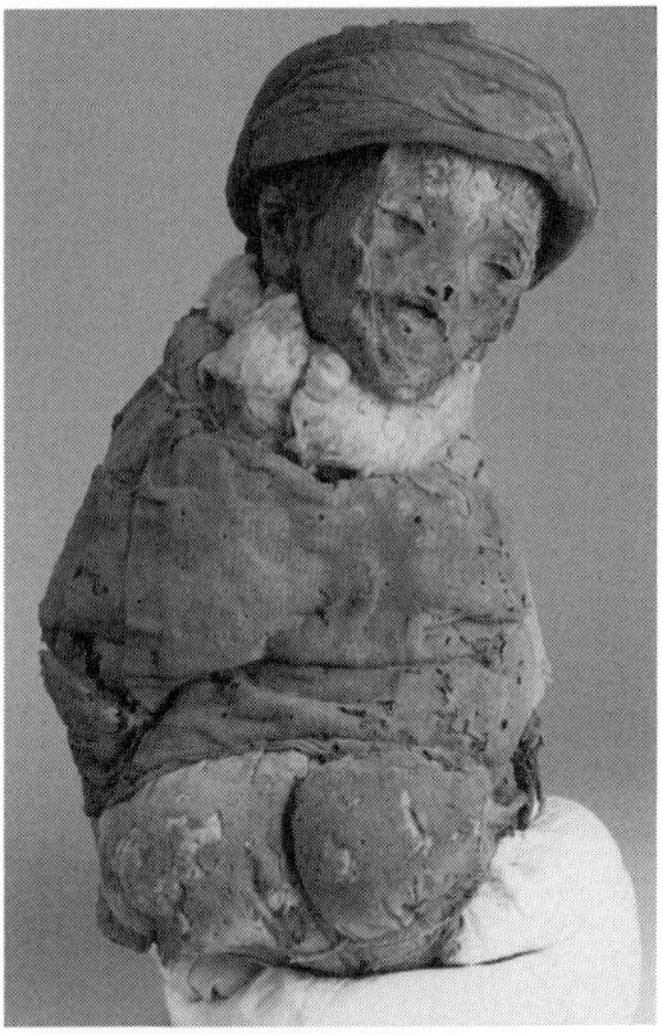

**図4-5　ナスカ時代の子供のミイラ**
（撮影：義井豊）

館には「ペルー考古学の父」と称されるフリオ・テーヨによって、１９２０年代から30年代にかけて収集された数百体のナスカのミイラが保存されているのです。彼らは紀元前後から西暦7世紀頃まで栄えたナスカ文化の担い手で、有名なナスカの地上絵を残しました。あの地上絵を残した人たちはいったいどのような姿形をしていたのか、どんなＤＮＡを持っていた人たちなのか、そんな興味からプロジェクトを計画しました。ミイラは布にくるまれた状態で埋葬されており、博物館ではそのミイラ包みをさらに大きな麻の袋に入れて保管していました。そこで私たちは、このミイラ包みのいくつかを開梱することにしました。

はじめに内部構造を確認するために、共同研究者のソニア・ギエン博士のチームが全身のレントゲン撮影を行いました。数十体のミイラ包みの撮影を行いましたが、残念ながらその多くは保管中に破損が進み、壊れていることがわかりました。そのなかで、子供のミイラだけが原形をとどめていることが確認されたので、このミイラ包みを開梱することにしました。全体を覆っている綿の布を取り去ると、この子供は頭に赤く染色されたターバンのような布を巻いていることがわかりました。そこで、これをいったん取り去り、さらに開梱を進めていきました。顔面を覆う布を取り去ると、瞳がはっきりとわかる顔が現れたのです（図4－5）。後の年代測定の結果、この子供は1300年ほど前に亡くなったことがわかりました。実はこの頃はナスカ地方では地域の乾燥化が進み、彼らの社会が滅亡に向かっていく時期でした。この子供は死ぬ間際、その瞳で何を見たのでしょうか。死にゆく彼を見守る人たちの胸に去来したものは何だったのでしょうか。開梱を進めながらそんなことを考えました。

ミイラは見る人に感慨を与えますが、科学の目はミイラからさまざまな情報を引き出します。私たちは年代測定の他に、CTスキャンによる全身の断層撮影、DNA分析、安定同位体による食性分析などを行いました。ここではDNA分析が教えるアメリカ先住民の起源の問題と、分析の結果明らかになった、このナスカの子供の由来について説明していきましょう。

## アメリカ先住民はどこから来たのか

コロンブスによる〝新大陸〟の発見以来、ヨーロッパの人々にとってアメリカ先住民の起源は大きな謎でした。ルネッサンス期のヨーロッパでは、彼らが失われたイスラエルの部族の子孫であると見なすものや、ユダヤの人々との類似を指摘する考え方も提唱されました。しかし17世紀の終わり頃には現在の私たちが考えているように、アメリカ先住民はアジアから渡ってきたという認識が広まりました。最近では、アメリカ大陸ではもっとも古い時代に属する1万年以上昔の先住民の頭蓋骨の形が、典型的なモンゴロイド（アジア系集団）ではなくコーカソイド（ヨーロッパ系集団）の影響があるという指摘もなされています。前述したようにアメリカ先住民は、ヨーロッパ人の祖先集団からのDNAも入っていることが、マリタ遺跡の人骨の分析からわかっていますから、それと関係した結果なのかもしれません。研究は進んでいますが、彼らがいつ、アジアのどこから、どのようにして渡ってきたのか、また彼らの文化や言語は新大陸のなかでどのように伝播《でんぱ》したのかという問題については、これまで多くの人類学、考古学、言語学者が説明を試みてきましたが、残念ながら統一的な見解は得られていません。

20世紀の終わりまでは、考古学的な証拠から、最初のアメリカ人は今から1万3500年ほど前に、シベリアとアラスカをつないでいたベーリング陸橋（ベーリンジア）を渡り、その後、当時北米大陸に広がっていたコルディエラ氷床とローレンタイド氷床の間の「無氷回廊」を通って南下し、各地に広がったと考えられていました。ただし、移住のルートについても新たな説が提唱されており、無氷回廊を通過したという内陸説に加えて、海岸沿いを進んだと考える環太平洋ルート（海岸）説も有力になっています。

北アメリカ最古の住民は、クロヴィス型槍先尖頭器というユニークな形の石器を使う、大型の獲物を取る狩猟民だと考えられています。クロヴィス文化は、放射性炭素年代測定値と無氷回廊ができた地質年代から、1万3000年~1万2600年ほど前に広がったと考えられており、長くこの時代がアメリカにおける最古の人類の出現年代とされてきました。しかし近年、バージニア州カクタス・ヒル遺跡やチリのモンテ・ベルデ遺跡など、この数値をさかのぼる遺跡が南北アメリカ大陸であいついで発見され、最初のアメリカ人の到着は、より古い時代であったというのが共通認識になっています。

このクロヴィス文化に属する、アメリカのモンタナ州西部のアンジック墓地遺跡で発掘された男性幼児（アンジック1号）のゲノムが解析されています。この人骨は、暦年代でおよそ1万2600年前のもので、クロヴィスの遺物と共に出土しています。そのゲノムには、前述したシベリアのマリタ人からの遺伝子の流入が認められました。ミトコンドリアDNAのハプログループはD4h3という南北アメリカ大陸の西海岸沿いに点在するタイプで、Y染色体のDNAはアメリカ先住民に広く共有されているものでした。この個体と南北アメリカのさまざまな先住民集団との遺伝的な類縁関係は、他大陸のどの集団とよりも強く、アンジック1号は現代の多くのアメリカ先住民の直接の祖先集団の一員であると考えられましたが、極北地域のエスキモー（イヌイット）などとの類縁性は強くありませんでした。

20世紀の終わりまで、言語や歯の形態学、考古学などの研究から、現在のアメリカ先住民はアジアからの3度の移住の波によって形成されたと考えられていました。言語学ではアメリカ先住民を大きく3つのグループ、すなわち南北アメリカの大部分の先住民を占めるアメリンドとアメリカ北西部に住むナデネ、さらにエスキモー・アリュートに分けています。そこから、現在の先住民は、基本的にはこの分類から導かれた3回の移住によって成立したという説が支配的なのです。この学説では、クロヴィス文化を担った人々が、このアメリンドの祖先集団で、1万3500年前にアメリカ大陸に到達し、その後1000年あまりの間に南北アメリカ大陸に広がったと考えられています。次に9000年ほど前にナデネの祖先集団が到達し、約4000年前にエスキモー集団がベーリング海峡を渡ってきたと考えているのです。しかし、前述したように「最初」のアメリカ人の到達に関するシナリオには諸説があり、現状では意見は一致しているというよりは、混乱しています。しかもこの言語学の研究結果から導かれた移住のシナリオに対して形態人類学や遺伝学的な研究は、かならずしもそれを支持していないのです。

現状では、アメリカ先住民の起源については、長い間信じられてきた定説が崩れて、混乱期に入っていると言ってもよいのですが、これらの問題に関して分子生物学者は、現代人と古代人のDNAを分析することによって、新大陸への移住の時期、新大陸へ到達した人の数、その源郷などについて新たな学説を提唱しています。

## ミトコンドリアDNAから考えるアメリカ先住民の由来

2007年から08年にかけて、アメリカ先住民のミトコンドリアDNAの全配列を用いた大規模な系統解析の結果が発表されています。現在の大多数のアメリカ先住民のミトコンドリア

DNAは、A、B、C、D、Xという5種類のハプログループのどれかに属しているのですが、全配列データを用いて各系統別に共通祖先の存在した年代を計算すると、すべての系統がおよそ2万年前に共通祖先を持っていることがわかりました。これは、アメリカ大陸への進入よりも古い時代になりますから、この時代にアジアのどこかで5つの系統の祖先たちが一緒に暮らしていたということを示しています。また、アジアのそれぞれの同一系統のハプログループとはDNAの配列にかなりの違いがあり、そこから、アジア集団とは数千年間以上隔離されていたこともわかりました。つまりアメリカ先住民の祖先は、アジア集団から隔離されて数千年後に新大陸に進出したということになります。また、各系統の遺伝的多様性から、初期集団の人口規模も推定されており、新大陸に進出した時点でのそれは5000人にも満たない集団であったにもかかわらず、その後の大陸進出で爆発的に人口を増やしていったことも明らかになっています。

その隔離の候補地と考えられたのが、ベーリンジアと呼ばれる、当時陸地化していたベーリング海峡の一帯です。従来、人類の北東シベリアへの進出は、考古学的な証拠から2万年程前だと考えられていたのですが、極北のヤナ川の流域で3万年前よりも古い遺跡が見つかったことで、DNAが予測する2万年以上前のベーリンジアへの進出が、現実的なものとして捉えられるようになりました。この「ベーリンジア隔離モデル」では、3万年以上前にこの地に到達した集団が、最寒期にシベリア側とアラスカ側に発達した氷床に阻《はば》まれて数千年間隔離され、この間に北東アジア集団とは異なるアメリカ先住民特有の遺伝的特徴を獲得し、その後の地球温暖化に伴ってアラスカ側に一気に進出して、現在に続く新先住民集団となったと考えています。前述したバイカル湖周辺にあるマリタ遺跡の集団のなかに、この隔離集団に合流した者がいたのでしょう。アメリカ先住民が持つ、ヨーロッパにつながるＤＮＡは、彼らが伝えたと考えられます。

## 古代アメリカ人のゲノム解析

コロンブスの時代には１０００以上の語族と数千万人の人口を抱えていた南北アメリカ大陸は、その後のヨーロッパ人の進入で劇的に人口を減らし、多様な古代集団のほんの一部が生き残って、現代のアメリカ先住民になったと考えられます。その過程でかなりの遺伝的な多様性が失われていったと考える方が自然ですから、現代のアメリカ先住民の研究から彼らの起源を正確に復元することは困難であることを認識する必要があります。その障壁を突破できるのが、古代人のゲノム解析です。

２０１５年に、現代と古代をあわせた新大陸先住民の大規模なゲノム解析の結果が公表されました。その結果、新大陸集団はアジアの集団から2万３０００年ほど前に分岐したことが示されました。アメリカ大陸への進入の回数は、極北集団を除くと1回の出来事で、考古学的な証拠とあわせて考えると、それは1万５０００年ほど前の出来事だと考えられています。ミトコンドリアＤＮＡの分析から導かれた「ベーリンジア隔離モデル」が存在を予想した隔離期間は、およそ

8000年間ということになります。大陸内部に見られる集団の遺伝的な違いは、1万3000年前以降の大陸内での遺伝的分化を反映したものであることも示されました。この時期に、アメリカ先住民は、現在の南北アメリカ大陸に広く分布する集団と北アメリカ大陸に限定して居住する集団の2つに分かれたようです。ゲノム解析が、このような従来説を覆すアメリカ先住民の成立のシナリオを描いたことで、今後は言語学や形質人類学などの研究結果との整合性が検証されていくことになります。なお、頭骨の形態研究からは、1万年以上前のパレオインディアンと呼ばれるグループと、現代の先住民の形が大きく異なっていることから、現在の先住民は東アジアから後の時代に進入した集団の子孫で、パレオインディアンと交替した、という説が唱えられたことがありましたが、古代ゲノムの解析で完全に否定されることになりました。

## ナスカの子供ミイラに宿る遠い旅路

最後にこの話の冒頭で触れたナスカの子供のミイラのDNA分析の結果について述べておきましょう。この子供のミイラの持つミトコンドリアDNAは、解析の結果ハプログループAに属することがわかりました。このグループの出現頻度は新大陸で南北の勾配を持ち、南米大陸ではコロンビアやエクアドルの先住民の間に多く存在することが知られています。古代にはハプログループAを持つ集団が南アメリカ大陸の西の海岸伝いに広がってナスカ地方まで到達していたのでしょう。

ハプログループAの成立とその後の拡散の経路については、後の章で取り上げますが、現在の分布とグループ内部での変異の多様性から、その起源地は中央アジア、特にバイカル湖周辺だと考えられています。また、その成立は3万〜2万年ほど前と推定されています。ベーリング陸橋をわたって彼らが新大陸に進出するのが遅くとも1万3500年ほど前であるということを考えると、同時期のマリタ遺跡の人々との関係は今のところ不明ですが、やがてアメリカに渡ることになるこのグループは、旧石器時代に中央アジアからシベリアにかけての地域で、狩猟採集生活をしながらその数と分布域を拡大していったのかもしれません。そしてそのなかの一部がベーリング陸橋を渡ることになったと考えられます。この子供は、そんなDNAを受け継いだひとりだったのです。

# 第5章
# 現代日本人の持つＤＮＡ

## 日本人の持つミトコンドリアＤＮＡ

日本人の成り立ちを考えるために、まず最初に私たち日本人はどのようなミトコンドリアＤＮＡを持っているかを見ていきましょう。図５－１は、日本人の持つハプログループの割合を示したものです。これは、これまでに調べられた日本人データ１０００以上を使って描かれたものですから、現在日本人が持つほぼすべてのハプログループを網羅しているはずです。実際には調査していない私たちひとりひとりも、このどれかのハプログループを持っていると考えてよいでしょう。このデータが、ミトコンドリアＤＮＡから日本人の由来を考える基本的な資料になります。

たとえば私のミトコンドリアＤＮＡはＮ９ａというハプログループに属しています。自分でこの研究を手がけるようになって真っ先に調べてみました。ミトコンドリアＤＮＡは母から子へと

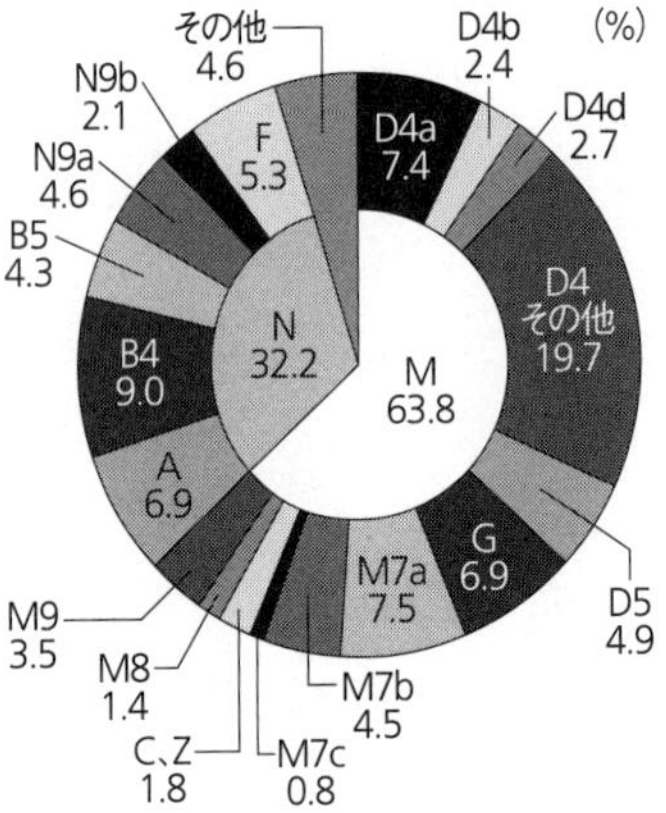


**図5-1　日本人の持つミトコンドリアDNAのハプログループ割合**

受け継がれていきますから、私の母方の祖先はこのN9aの系統を持っており、それをさかのぼっていくと人類の共通祖先までたどり着くはずです。それが私の母系がたどってきた道なのです。

　ですから日本人の由来を考えるとき、今、日本に存在するすべてのハプログループの系統を個別に調べていけば、その総体が日本人の起源、ということになります。こう書くと、それぞれのハプログループの歴史がわかっても、そもそも自分自身の持っているハプログループがわからないと、自分の由来がハッキリしないのではないか、と思う方もおられるかもしれません。しかしそれは誤解なのです。最初に説明したように母から子供に渡されるミトコンドリアＤＮＡと、父から息子に受け継がれるＹ染色体の遺伝子を除く大部分のＤＮＡは両親から受け継いでいます。たとえば私の父のミトコンドリアＤＮＡのハプログループはＡですが（これもかつて調べてみました）、これは私に伝わっていません。しかしハプログループＡのたどった道も私の由来の一部のはずです。ミトコンドリアＤＮＡのハプログループを婚姻の条件にする人はいないでしょうから、基本的に祖先における婚姻は、ハプログループに関してはランダムに行われていると考えられます。ですから実際には不可能でしょうが、仮に自分の祖先を数百人選び出して、それぞれのハプログループを調べて頻度を計算すれば、今の日本人集団が持つハプログループの割合に近いものになると思います。自分自身を構成するDNAは他の日本人と同じような経路をたどって、自分のなかに結実しているのです。そして、それぞれのハプログループのたどった道は、私たちの持つすべてのDNAのどれかがたどった道であり、その末端部に今の私たちがいるのです。こう考えると、現在の日本人が持つミトコンドリアDNAハプログループのすべてを知ることが、日本人の成立の過程を解き明かすだけでなく、私たち個人の由来について知ることになるということがおわかりでしょう。

これから、日本人に見られるハプログループのそれぞれについて、どこで生まれ、どのような経路を通って日本に入ってきたのかを、現在利用できるデータをもとに見ていくことにします。

## 各ハプログループの起源地と拡散の推定

それぞれのハプログループの起源地と拡散の様子をどのようにして推定するのか、最初に説明しておきましょう。簡単に言うと、あるハプログループの占める割合が他の地域よりも多くて、しかも内部の変異をたくさん持っているところを起源地と考え、そこからの拡散の様子は、人口に占める割合と変異の減少をトレースすることによって描き出すのです。それぞれのハプログループの起源地では、そのハプログループが人口に占める割合が他の地域よりも多く、かつそのハプログループのなかに含まれる変異の数が他の地域よりも大きいはずです。起源地では、他の地域に比べて、そのハプログループが誕生してから長い時間が経っていますから、それだけ内部に多くの変異が蓄積されているはずだからです。最初にアフリカ人のなかにミトコンドリアDNA全体の変異がたくさん蓄積していたことを根拠に、アフリカが人類発祥の地であると推定しました。同じことをそれぞれのハプログループの内部で想定するのです。これは他の動物や植物の起源地を推定する場合にも用いられている方法です。こうして作られたのが前掲の図4−4なのです。

もちろんハプログループの誕生は数万年前のできごとですから、誕生時点とそれから後のできごとを現在の分布だけから推定することには、そもそも無理があります。特に歴史時代の人類集団の移動は複雑で、起源地から集団全体がいなくなってしまった場合もあったでしょう。ですから、この方法で描かれた人類拡散のシナリオは、本来、考古学や化石人骨の研究など、他のさまざまな証拠によって検証していかなければなりません。特に古人骨のゲノム解析は必須の作業になりますが、ここではとりあえず現時点でミトコンドリアDNA分析が描き出す、日本人を構成する各ハプログループの誕生と拡散の様子について見ていくことにします。

## ハプログループD——東アジアの最大集団

前掲の図5－1を見てもわかるように、日本人にもっとも多いハプログループはDです。そこで最初にこのグループを取り上げることにしましょう。先に述べたように、このハプログループは最初、アメリカ先住民のなかに見つかりました。そのなかのサブグループにD1とD2という名称が付けられたので、それ以降アジアで見つかったものはD3以降の番号が付いたのです。その後、系統の整理が行われ、アメリカ先住民の持つものにD1、アジアに存在するものにD4、D5、D6という名称が付けられました（図5－2）。D4とD5は東アジアの広い地域に分布しています。双方で日本の人口に占める割合は4割弱となります。ハプログループD4と5は中央アジアから東アジアにかけてもっとも優勢なハプログループで、朝鮮半島や中国の東北地方の集団でも、この2つがおおむね人口の3割から4割程度を占めています。ですからハプログループDを持つ人の総人口は数億を数えるでしょう。東アジア最大のハプログループです。これに、新大陸のグループが加わるのですから、世界最大のハプログループと言ってもよいかもしれません。

このグループの誕生は、他の北アジアに展開したハプログループAやG、Cといったグループよりも若干古く3万5000年以上前だと計算されていますので、南回りで東アジアに入ったハプログループのなかから、最終氷期が最寒期を迎える以前に誕生したと推定されます。ハプログループ全体としてはアジアの非常に広い範囲に分布しているのですが、ハプログループD4とD5の分布は若干異なっています。D4が日本を含む東アジアの東北部に主として分布するのに対し、中国の南部を中心とした地域では、D4に対してD5の占める割合が高くなります。それを

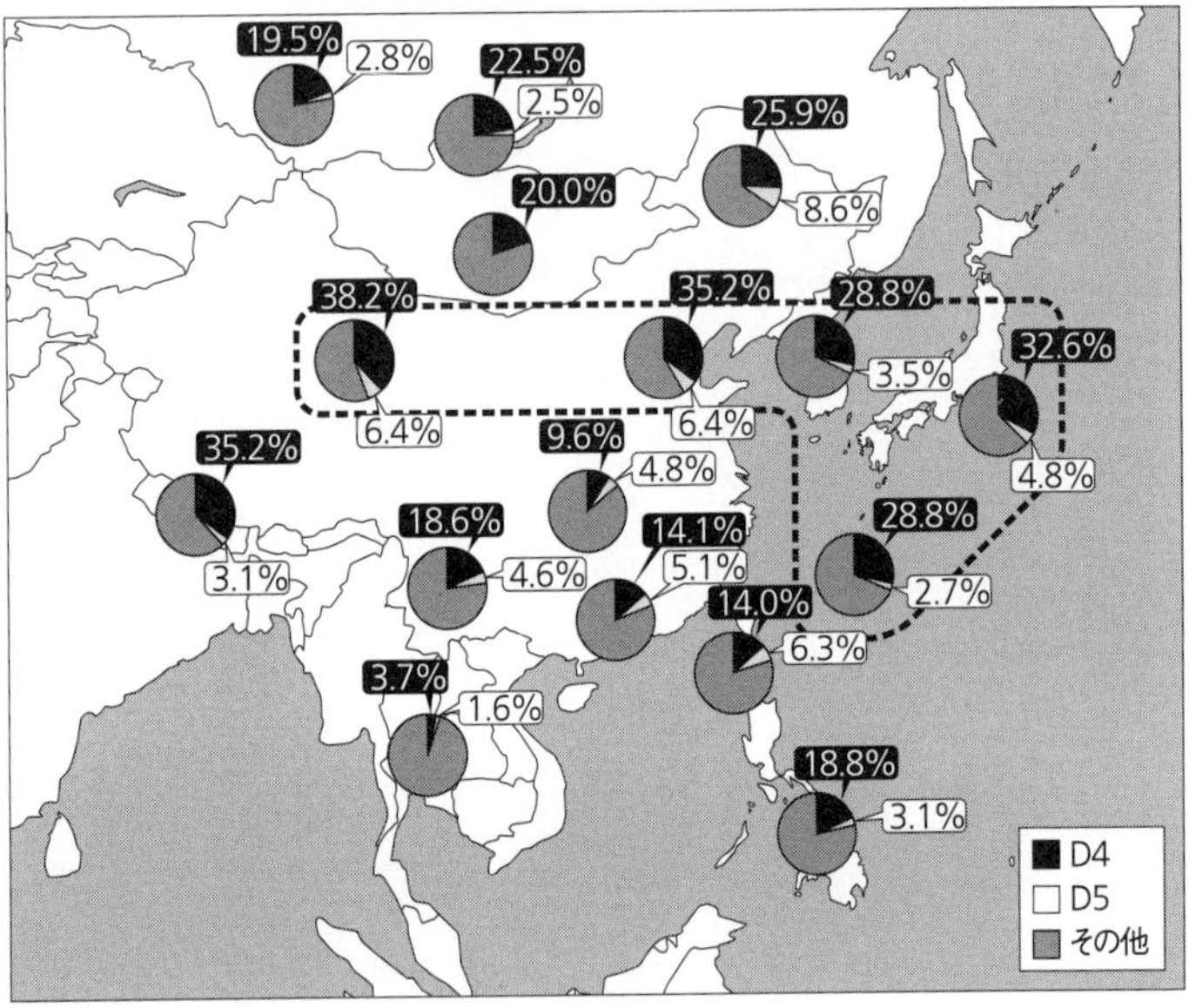


**図5-2　ハプログループDの分布**
点線で囲んだのは人口に占める割合が特に高い地域

反映して日本ではＤ４の占める割合が32・6％、Ｄ5が４・8％と極端に違っています。

ハプログループＤは、誕生したのも比較的古いですし、前述したようにアジアの広範な地域に存在していますから、このグループが日本にいつ、どのように入ってきたかを推定することは非常に困難です。むしろ、あらゆる時期にあらゆるところから入ってきた人たちのなかに、このハプログループを持つ人がいたと考える方が自然でしょう。では、それをさらに細かく追求することはできるのでしょうか。

実は、ハプログループＤ４は、他のハプログループに比べて、非常に

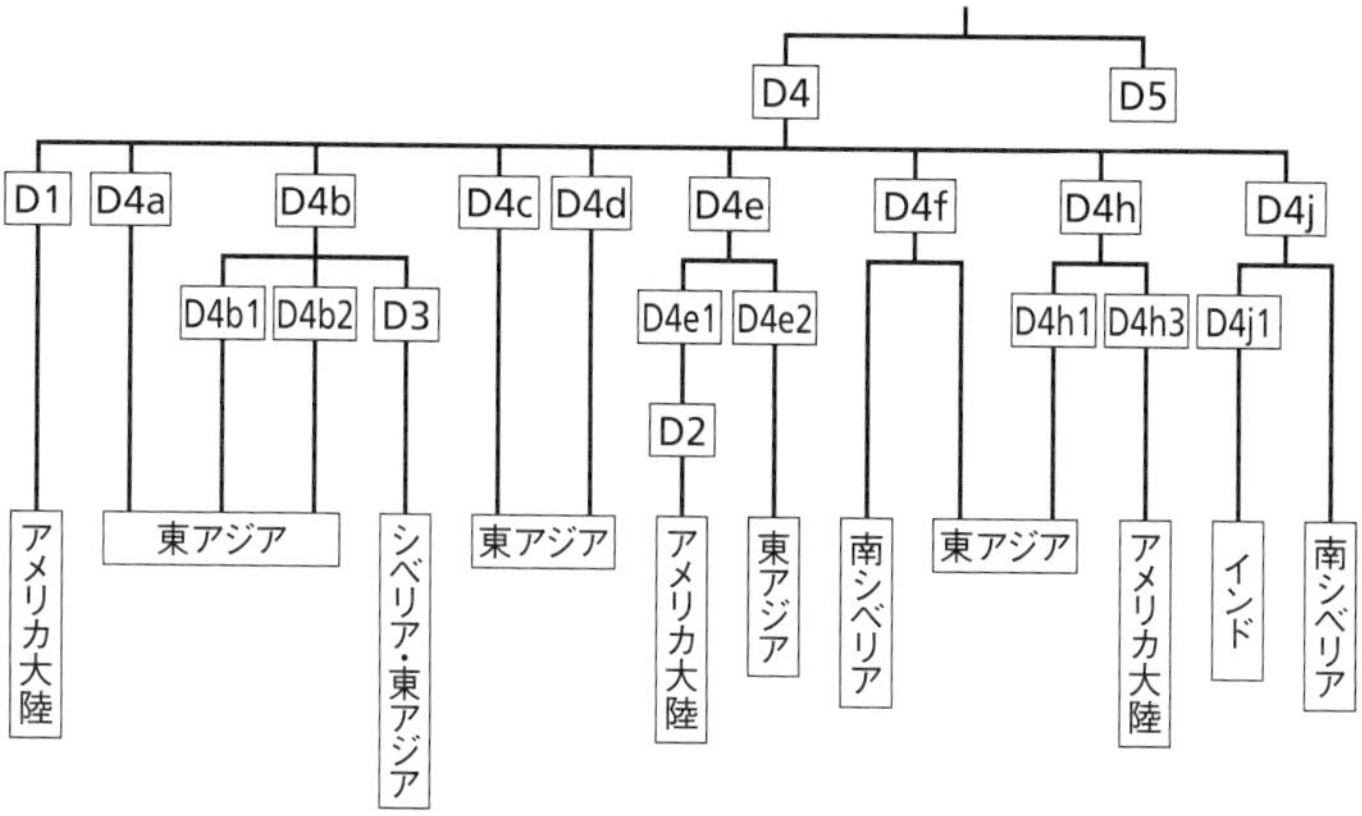


図5-3　ミトコンドリアDNAの全配列を用いたハプログループDの系統（Derenko et al. 2010 を改変）

細かく系統が分類できることが知られています（図5－3）。おそらく、もともと抱えている人口が多いので、短期間に新しい変異が生まれるチャンスが多くなり、それが集団のなかに固定されることで、このような状況が生まれたのだと思います。ですから、より細かい分類群を単位として分布を見ていくと、ある程度の人の流れを追求できる可能性があります。たとえば、D4aは日本人でもかなりの部分を占めていますが、その誕生は1万年ほど前という比較的新しい時代です。これは縄文時代にあたりますが、この時代には大陸との往来はそれほどなかったと思われますので、このハプログループは弥生時代になって日本に入ってきたと考える方が自然です。

## ハプログループB——環太平洋に広がる移住の波

日本人のおよそ7人にひとりが該当する第2のグループがハプログループBです。前章でも述べましたが、このハプログループもアメリカ先住民で最初に見つかったものです。他のグループのように特定のDNA配列が変化しているのではなく、ミトコンドリアDNAの特定部位のDNA配列9つ分が欠損しているのが特徴です。ミトコンドリアDNAの正確な数は1万6568塩基対ですが、ハプログループBに属する人たちは1万6559塩基対しかないことになります。この9塩基対部分を含んだDNA断片をPCR法という方法で増幅してやると、比較的簡単にその有無を調べることができます。したがって、DNAの配列を読み取るのが難しかった時代には、この部分を対象にした多くの研究がなされました。その後、さまざまな集団の研究によって、この9塩基対の欠損はハプログループBの系統だけではなく、世界のいろいろな地域で独立に何度も起こったことがわかってきました。しかし現在では東アジアや新大陸で見られる9塩基対欠損は、ほとんどすべてがハプログループBの持つ変異であることも確認されています。現在、そのサブグループとしてはB4とB5を区別していますが（図5-4）、ここでは私たち日本人にもっとも多いB4について考えることにします。

ハプログループBは、およそ4万年前に中国の南部で誕生したと推定されています。このハプログループはハプログループRから分岐しますので、おそらくインドから東南アジアに拡散した

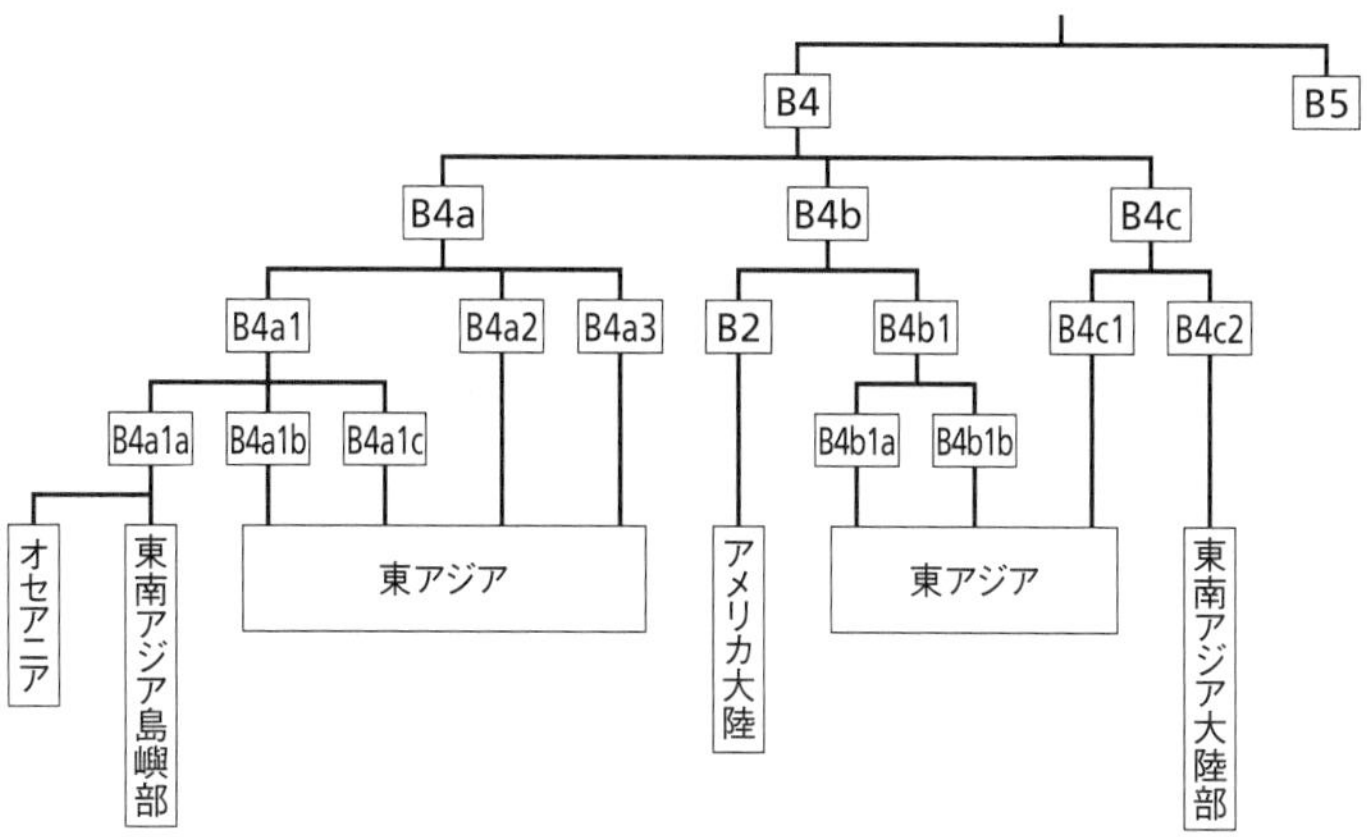


**図5-4　ミトコンドリアDNAの全配列を用いたハプログループBの系統（Derenko et al. 2012 を改変）**

ハプログループRの集団のひとつから生まれたのでしょう。現在、東アジアでゲノムが決められているもっとも古い人骨は、北京の近郊にある田園洞から発見された4万年ほど前のものです。この人物の持っているハプログループがBでした。この時期にすでにかなり広い地域に広がっていたのかもしれません。図5−5はこのグループの各集団に占める割合を示したものです。誕生の地である中国南部から東南アジアにかけて人口に占める割合が大きくなっていますが、それ以外にも南米の山岳地域や南太平洋の集団に多いことがわかります。ただし、ハプログループBはこの2つの地域に同時期に拡散したのではなく、異なる時期にまったく別のルートを通って進出しました。

アメリカ大陸に見られるB2は、3万3000年前というB4のグループのなかでも比較的誕生時期が古い、B4bというサブグループのなかから派生

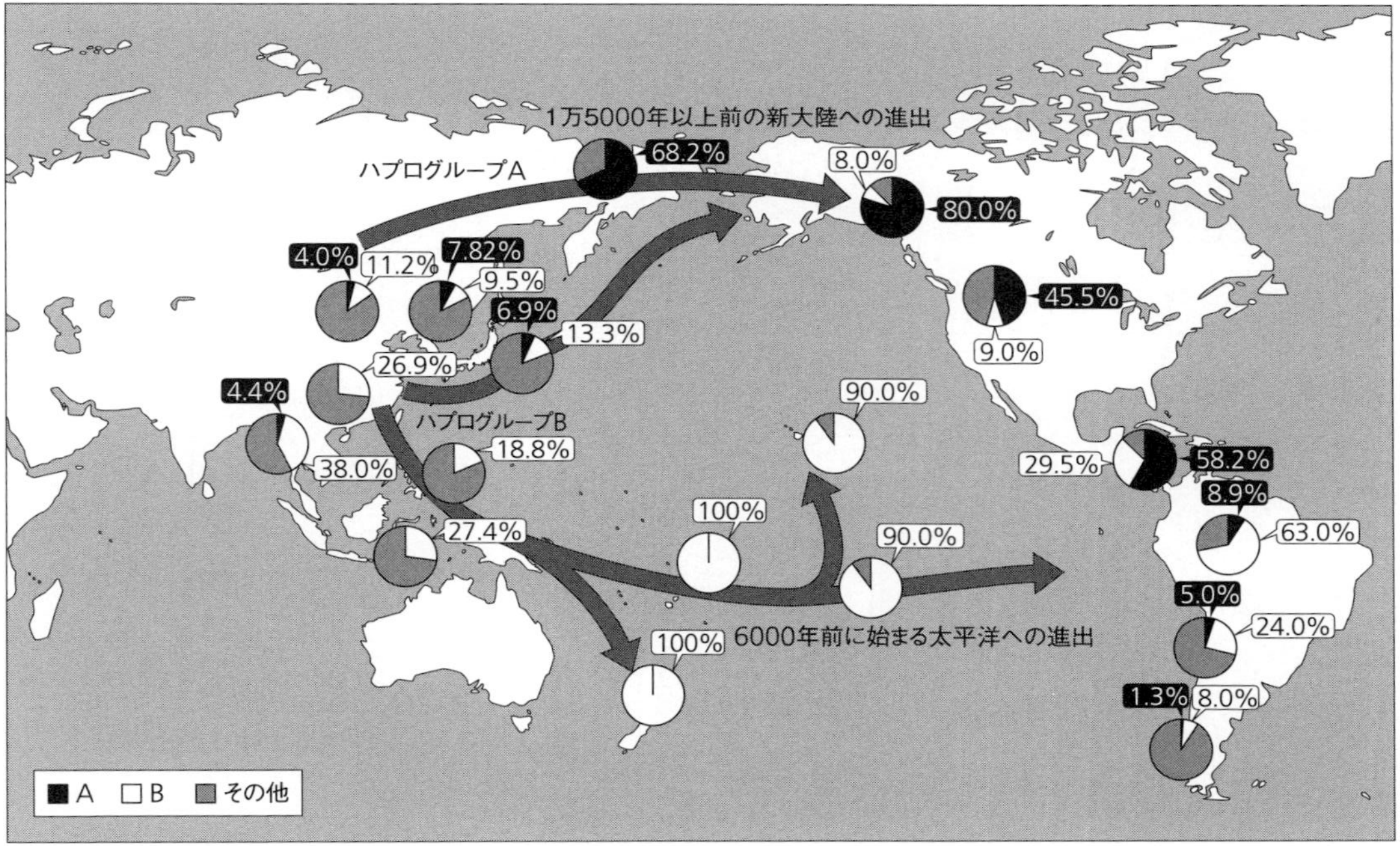


図5-5　ハプログループAとBが集団に占める割合

しています。ハプログループBのなかのこの集団は、大陸の沿岸地帯を伝ってベーリンジアに到達し、しばらく停滞した後に新大陸に入って、そこから海岸伝いに南下したと考えられます。

一方、南太平洋への展開は約6000年ほど前のできごとですので、歴史的に見ればごく最近のことになります。こちらは、1万年ほど前に誕生したB4aのサブグループが主体となりました。現在の南太平洋の先住民は、ほとんどすべてがこのハプログループを持っています。中国南部もしくは台湾から農耕をたずさえて東南アジアの海岸地帯へ展開した集団の主体をなしたのが、このハプログループに属する人たちだったと考えられています。メラネシアの海岸地域に到達した彼らは、やがて遠洋航海の技術を身につけて、南太平洋の島々に進出します。その際、彼らは前章で説明した、最初に東南アジアに到達したハプログループPやQに属する人たちの一部も連れて航海に出たことが、その分布からわかります（前章の図4－3）。これらの島々は互いが数百キロも離れており、一度に多量の人間が移住することは不可能です。外洋性のカヌーを使って少数の集団で渡ったのでしょう。これらの島々でミトコンドリアDNAの多様性を見ていくと、先に行くほどその多様性が減少することが知られています。

彼らの外洋への進出は、ポリネシアの島々を征服して終わりますが、そのすぐ先には南米大陸がありますから、なかには南米の西海岸にたどり着いた人たちもいたと思います。アンデス原産の植物のなかには、ヨーロッパ人が南太平洋に到達する以前にポリネシアの人々の間に伝わっていたものもあります。古代におけるアンデス住民とポリネシア人の遭遇があったことは間違いありません。そのアンデスの人たちもやはりハプログループBを主体とする人たちでした。もちろんお互いに気がつくことはなかったでしょうが、彼らは4万年前の中国南部に共通の祖先を持ち、一方は北へ、他方は南へ拡散した集団の子孫でした。数万年の時をへだてて再会を果たした親戚同士だったのです。最初の遭遇がどのようなものだったか想像することもできませんが、ミトコンドリアDNAの拡散の歴史から見れば、非常に劇的なものだったのです。

## ハプログループM7──日本の基層集団を生む系統

ハプログループM7にはa、b、cという3つのサブグループが存在します。それぞれが非常に特徴的な分布をしていることが知られています（図5-6）。すなわち、M7aは主として日本に、M7bは大陸の沿岸から中国南部地域に、そしてM7cは東南アジアの島嶼《とうしょ》部に分布の中心があるのです。中央アジアから北東アジアにはほとんど分布していません。この3つの分布の特徴は、その起源地を求めるヒントになりそうです。M7が生まれたのが4万年以上前、各サブグループが生まれたのが2万5000年ほど前と計算されています。その時代、氷河期の乾燥化によって海水面は低下していましたから、黄海から東シナ海にかけては広大な陸地が出現していました。おそらくM7の起源地は、今は海底に沈んでいるこの地域だったのでしょう。そこで生まれたサブグループのうち、ハプログループM7aが、日本列島に到達したと考えられます。後に

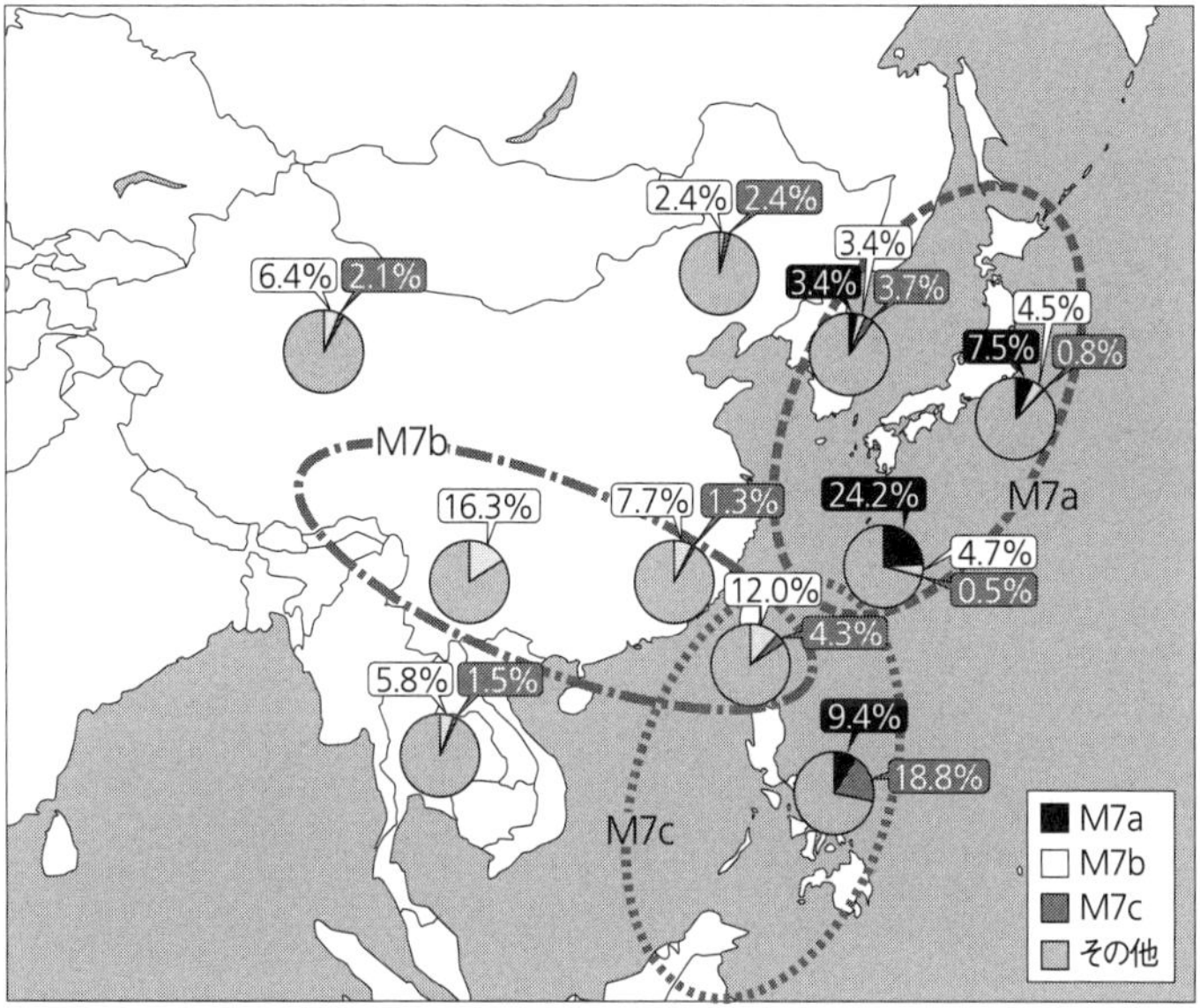


**図5-6　ハプログループM7の分布**
サブグループであるa、b、cの頻度の大きい地域を点線で囲んである

説明しますが、このハプログループは縄文人からも見つかっており、まさに日本の基層集団の持っていたハプログループなのです。なお、このハプログループは本土の日本人では約7%を占めるだけですが、沖縄に行くと実に4人にひとりが持っています。

Ｍ７ｂも人口に占める割合はあまり多くはありませんが、日本列島に広く分布しています。ただし系統を詳しく調べると、日本にはＭ７ａと一緒に入ってきた可能性は高くありません。大陸の沿岸部や内陸へ分布を広げていったようです。Ｍ７ｃは日本ではほとんど見られないハプログループですが、フィリピンやボルネオでは多くの人口を抱えています。彼らは今や海の底に沈んでしまったスンダランドから南方へ島伝いに広がっていったのかもしれません。

## ハプログループA——北東アジアに展開するマンモスハンターの系譜

このハプログループは日本人では約7％を占めるだけで、しかもユーラシア全体での分布も、主として中央アジアから北アジアに限られています。しかし新大陸では普遍的に見られ、特に北東シベリアと北中米の先住民では人口の過半数を占めています（前掲図5－5）。ちょうどハプログループBが環太平洋の南半分の多数派だったのと対称的に、北半分の多数派の位置を占めているのです。その成立は分岐年代の計算から3万年ほど前だとされており、そこから考えると、最終氷期の最寒期頃に、北方に進出した集団が人口を再拡大させていく過程のなかから生まれたハプログループのひとつだと判断できます。旧石器時代のシベリアでは、マンモスハンターと呼ばれる優秀な狩猟民が暮らしていましたが、ハプログループAを持っている人がその多数を占めていたのでしょう。やがてアメリカ大陸に渡ることになったハプログループAからは、A2と呼ばれるサブグループが誕生しました。先にふれたナスカの少年ミイラは、このハプログループA2を持っていたのです。

ハプログループAには、A2の他にアジアに分布するA4とA5と呼ばれるサブグループがあります。ハプログループA4が東アジア全域に広く分布しているのに対し、A5は分布が朝鮮半島および日本に限られる特異なサブグループなのです。また、A5は日本と朝鮮半島に共通するタイプの分岐年代が7000年前プラスマイナス2800年と比較的若いことも注目されます。成立年代が新しいことが、その分布範囲を狭いものにしている原因かもしれません。ともにバイカル湖周辺から南下したのでしょうが、A4が東アジアの各地に広がったのに対し、A5の方は、比較的一直線に朝鮮半島に向かったようにも見えます。

## ハプログループG——北方に特化する地域集団

ハプログループGもAと同様、日本の人口の約7%を占めています。このハプログループにはG1からG4までのサブグループが存在しますが、それぞれの分布は比較的限られています（図5-7）。

限られたデータから判断すると、G1は本土日本やアイヌ、朝鮮半島などに少数見られます。G2は中央アジアに分布の中心があり、南中国や東南アジアではほとんど見ることができません。G3はあまりハッキリとした分布境界を持たず、中央アジア、モンゴルなどを中心に少数が分布しています。

カムチャッカ半島や北シベリアの先住民族のなかには、ハプログループGの特殊なタイプを高

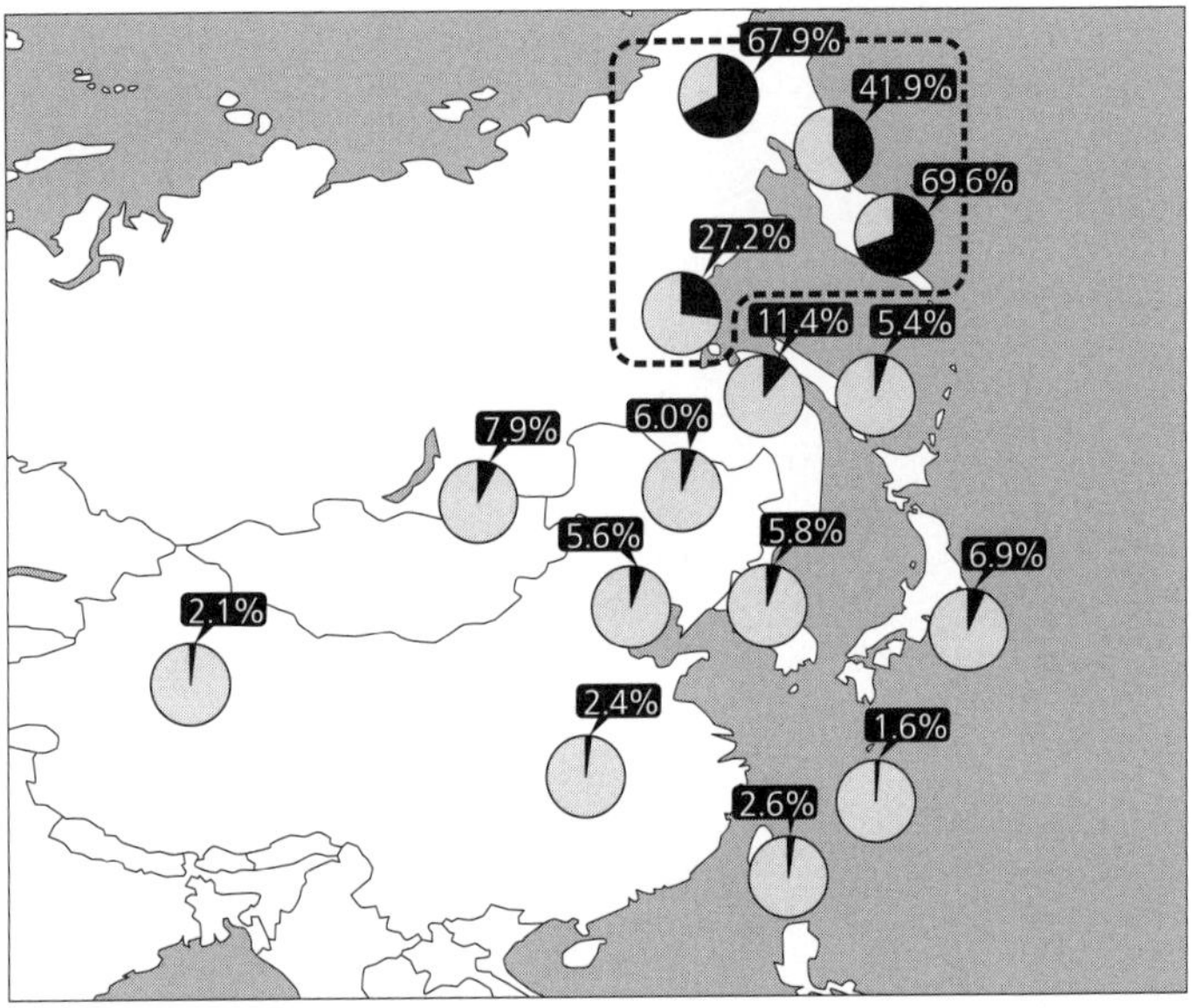


**図5-7　ハプログループGの分布**
点線で囲んだのは人口に占める割合が特に高い地域

頻度で持っている集団がいくつかあります。おそらく少人数で移住をしたために、ボトルネックの効果によって他のハプログループが消失してしまい、偏ったハプログループ頻度を持つようになったのだと思われます。

ハプログループGの分岐の年代は新しく、これも最終氷期の最寒期以降、人類の北方への再進出の際に誕生したハプログループだと考えられます。彼らは時間をかけて北東アジアに広く拡散していったのでしょう。このハプログループも新大陸に進出はしませんでしたから、新大陸に渡ったハプログループAやC、Dといったグループがシベリアに到達したときには、まだ極北の地域には出現していなかったと考えられます。南に拡散した様子がないのもこのハプログループの特徴です。日本には主に朝鮮半島を経由して入ってきたと考えられますが、その時期や規模といった詳細な解析は難しいのが現状です。なお、後の章で解説しますが、このハプログループは北海道の縄文人からも検出されていますので、北方ルートから進入したものもあったはずです。

## ハプログループF——東南アジアの最大集団

ハプログループFが日本の人口に占める割合は5・3％です。分布の中心は東南アジアにあります。ハプログループRから分岐しているところも、同じく南方に分布の中心のあるハプログループBに類似しています。分岐年代もほぼハプログループBと同じ4万年以上前という数字が算出されています。分岐の年代が古いことを反映して、サブグループも4つ存在しているのですが、その分布はあまり北方までは延びません（図5－8）。ハプログループBのように派手に環太平洋に展開することはなかったのです。新大陸行きの流れにも、南太平洋への航海にも乗れませんでした。中国の南部や台湾の先住民には比較的高頻度に見られるので、どうも北上しようとする熱意はあまりなかったようです。日本を含めた、それより北の東アジアの各地に細々と展開するハプログループFの分布は、歴史時代を通じて徐々に北方に拡散した姿を見ているのだと考え

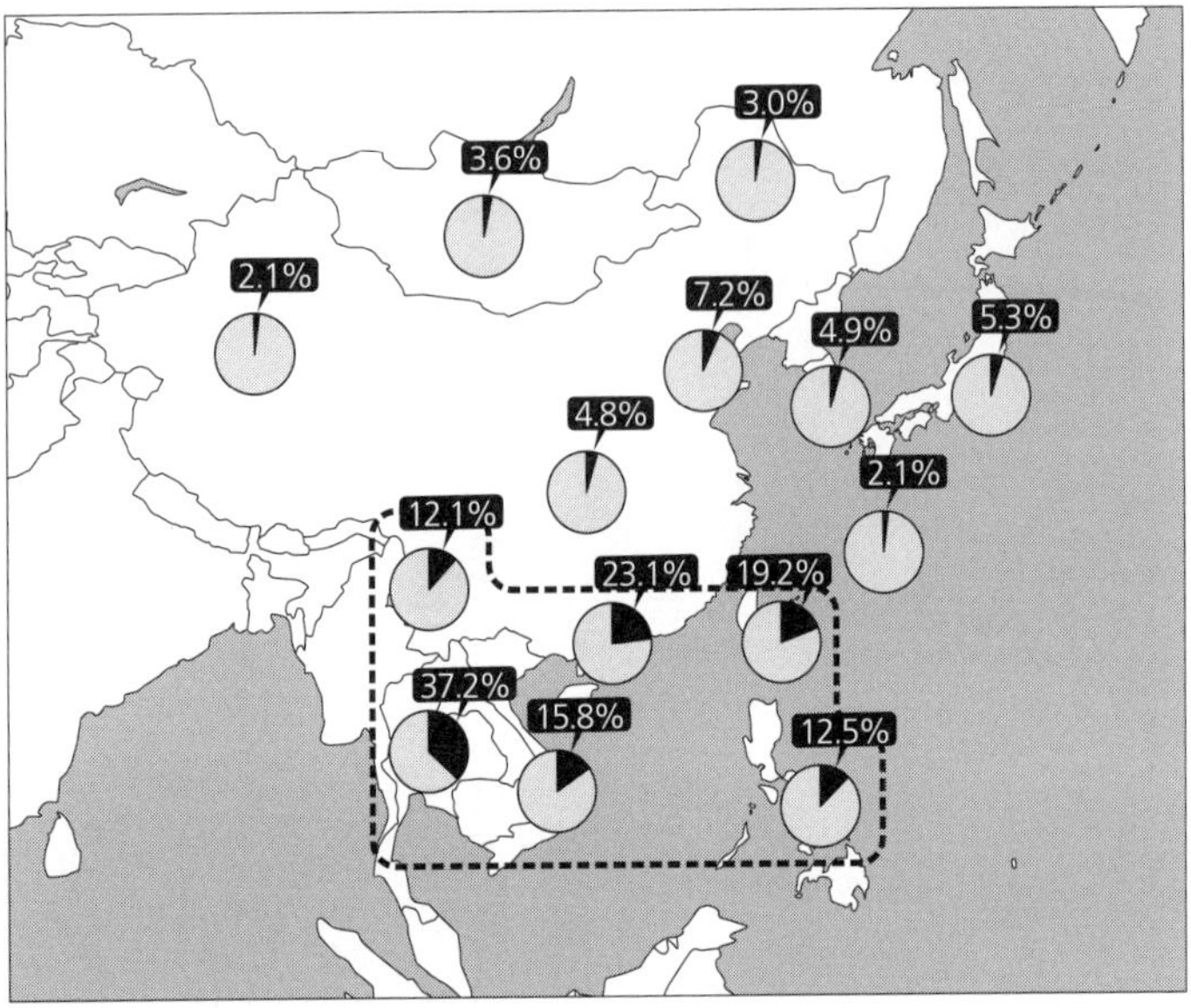


**図5-8　ハプログループFの分布**
点線で囲んだのは人口に占める割合が特に高い地域

られます。

　東アジアのハプログループの分布は南北で異なっていると説明しました。ハプログループFやEは南の地域にしか分布しないのに対し、A、C、G、Y、Zといったハプログループはユーラシア大陸では北方にしか分布していません。この違いは最初、移住の際のボトルネックや遺伝子頻度のランダムな変動であると説明されていましたが、ミトコンドリア自体の機能に関係しているのではないかと考えている人もいます。ミトコンドリアは細胞のなかのエネルギー産生装置で、体内で使われるエネルギーのもとになるATP（アデノシン三リン酸）という物質を作っています。ところが、私たちが摂取した食物の持っているエネルギーのうちATPに変換されるのはおおよそ40％程度で、残りはミトコンドリアのなかで熱に換えられます。つまりミトコンドリアはエネルギーを作るとともに熱も作っているのです。そしてどうもこの変換の比率がハプログループによって異なっているようなのです。北方に進出したハプログループは、熱に変換する割合が大きく、一方南のグループは熱を作る能力が低いので、結果的にこれが両者の分布域の違いになって表われていると考えているのです。今のところ、比較的詳しく調べられているヨーロッパのいくつかの系統では、ミトコンドリアDNAの変異が引き起こすアミノ酸配列の違いと機能の間の関係が明らかになっています。アジアの系統に関しての研究はあまりないようですが、もしこの仮説が正しいとすると、アジアにおける各ハプログループの地理的な偏りもうまく説明できます。私たちのなかには「暑がり」の人や「寒がり」の人がいますが、これはもしかすると各自の持っているミトコンドリアDNAのハプログループの違いを反映したものなのかもしれません。

## ハプログループN9――南北に分かれるそのサブグループ

このハプログループにはN9aとN9b、そしてYという3つのサブグループがあります。日本における頻度はN9aが4・6％、N9bが2・1％、Yが0・4％と、どれもそれほど人口に占める割合は大きくありません。N9はハプログループAと同様に系統樹のおおもとのハプログループNから直接分岐しているという点で、NからRを経由して派生するハプログループBやFとは異なっています。

その分岐の状態から、北方ルートを通って東アジアへ進入した集団があったとしたら、このハプログループN9とAの祖先であったと想像されます。そうだと仮定するとRを経由しないでヨーロッパに入ったハプログループWやI、そしてアジアとヨーロッパに広がったハプログループXとともに中東から北方に進み、そこから彼らと分かれてヒマラヤの北を通って東アジアへ拡散した可能性があります。なお、ハプログループAはその後、新大陸に向かうグループを生みましたが、N9の子孫は東アジアにとどまりました。

ハプログループN9aの分布は広く、特定の起源地を推定することができませんが、中国の南部や台湾の先住民などに比較的多く見いだされますので、分布の中心はこのあたりと考えてよいと思います。そこから緩やかな拡散の過程を経て、日本に入ってきたのでしょう。

一方、N9bの分布には著しい特異性があります。このハプログループは朝鮮半島や沿海州の先住民にもごくわずかに存在しますが、基本的には日本以外ではほとんど見ることができないのです。その意味では、先にお話ししたM7aの分布に似ていますが、こちらは沖縄で特に多いということもありません。ただし、後に説明するように、関東以北の縄文人に多数認められます。M7aが縄文人の南ルートを代表するハプログループであるとしたら、N9bは北からの進入を代表するものなのかもしれません。このことは後の章で詳しく検討してみることにします。

ハプログループYは、最初カムチャッカ半島や北東シベリアの先住民のなかに見つかりました。系統的な位置がハッキリしなかったのでYという大きな名称が付けられましたが、後にN9の側枝であることが判明しました。そのサブグループY1の分布のほとんどが北東シベリアに限られており、特に沿海州の先住民の集団がこのハプログループを持っていることが知られています。このハプログループはこの地域で生まれて、ほとんど拡散を行わなかったようなのです。一方、日本列島には存在しませんが、Yのもうひとつのグループであるある Y2はフィリピンを中心とした地域に少数存在します。つまりN9の系統ではN9aとY2が南に、N9bとY1が北東アジアに分布していることになります。

ハプログループY1を持つ人は本土の日本人にはほとんどいないのですが、実は北海道のアイヌの人たちに多く含まれていることが、かつて行われたアイヌの人たちのDNAの研究からわかっています。アイヌの人たちにこのDNAを持ち込んだのは誰だったのか、その答えが古代DNA分析で明らかになっています。

稲作の伝わらなかった北海道では、縄文時代に続いて、弥生時代から古墳時代に相当する続縄文時代を経て、飛鳥時代から平安時代に相当する擦文《さつもん》時代へと変遷していきます。その後、13世紀以降はアイヌ文化の時代を迎えるのですが、その直前の5世紀末から10世紀まで北海道のオホーツク沿岸には「オホーツク文化」と呼ばれる独特の文化が栄えました。オホーツク文化を担った人々は、考古遺物や人骨の研究からアムール川流域の漁撈民《ぎょろう》をルーツに持つと考えられています。彼らはオットセイやアザラシを捕獲する漁撈民でしたが、アイヌ文化の発展とともに姿を消してしまいました。このオホーツク人骨の研究が琉球大学の石田肇《はじめ》さんを中心とするグループによって進められ、そのなかでDNA分析も行われています。この人骨のDNAを分析した佐藤丈《たけ》寛《ひろ》さんは、その多くがハプログループYに属するものであることを明らかにしています。オホーツク文化人は忽然《こつぜん》と姿を消しましたが、そのDNAはアイヌの人たちに受け継がれていたのです。

## ハプログループM8a——中原に分布する

ハプログループM8にもM8aとC、そしてZという3つのサブグループがあります。日本人に占める割合は、それぞれ1・2%、0・5%、1・3%とごくわずかですが、どのグループも興味深い特徴を持っています。順に見ていくことにしましょう。

このM8aは中国各地のいわゆる漢民族集団に一定の割合で出現し、その周辺の集団には比較的少ないという特徴を持っています。おそらく中国の北部で誕生したのでしょう。ハプログループDなどと比べると決してその割合は高くありませんが、漢民族と呼ばれる人たち、特に北の集団では常に一定以上の比率で出現します。ハプログループDは、日本や朝鮮半島など東北アジアの集団にも高頻度で出現しますので、中国の集団を特徴づけるハプログループとはなりえません。

むしろこのＭ８ａの方が、彼らを特徴づける指標として面白そうです。中国では新石器時代以降、黄河流域から南に向かって集団が移動したと言われています。おそらくこのハプログループＭ８ａは、ハプログループＤとともにその集団を構成するメンバーだったのでしょう。

## ハプログループＣ――中央アジアの平原に分布を広げる

このハプログループは日本にはほとんど見られませんが、分布域は中央アジアから新大陸にまで広がっています。誕生したのは、ハプログループＡやＧといった主として北アジアに展開するハプログループと同じ頃ですので、それらと同様に温暖化にともなって北方に進出した集団のなかから生まれたのでしょう。ハプログループＡやＤとともに新大陸に進出しますから、この３つのハプログループが主体となった集団が極北地方にテリトリーを拡大していったのでしょう。系統樹のうえではＭ８から派生する小さな枝にすぎませんが、最初にアメリカ先住民に見つかったことからＣという大きな名称が付けられています。

ところで、ここまでアジアにおけるさまざまなハプログループの分布範囲を見てきましたが、なかには極端に分布を広げるものもあれば、あまり大きく広がらないハプログループもありました。その違いを左右する最大の要因は、誕生して間もない初期段階での拡散の状況にあると考えられます。最初の段階で大きくテリトリーを広げるとその後も順調に拡大が続くのですが、いったんヒトの生活圏が確立してしまうと、後から勢力を伸ばすことは難しくなります。そういった初期の状況が現在の分布に決定的な影響を持っていたのでしょう。

そんな状況のなかで、このハプログループCだけは後の時代の集団の拡大にともなって、アジアでその人口比率を大きくしていった珍しい例だと考えられます。このハプログループは朝鮮半島から中国北部、中央アジアの集団に大きなグループ内変異があります。したがってこれらの地域を中心とした中央アジアの草原地帯に分布の起源があったと判断できます。中央アジアの地域集団が遊牧民として西域に勢力を伸ばしたときに、このハプログループもテリトリーを広げたのでしょう。草原の遊牧民は「元」のような大帝国を築きました。それにともなう人口の移動は、このハプログループの拡大に大きな影響を与えたのです。日本はこの歴史時代における遊牧騎馬民族の影響を受けませんでした。そのためこのハプログループが人口に占める割合も、東アジアの他の地域に比べて小さなものにとどまっているのでしょう。

## ハプログループZ——アジアとヨーロッパを結ぶ人々

ハプログループZの分布は、他に例を見ない非常にユニークなものです。1990年代の終わり頃、このハプログループはカムチャッカ周辺の先住民族のなかから見つかりました。それに続いて遠く離れた北欧の先住民であるサアミのなかにも同じハプログループが見つかりました。ハプログループＺは、ヨーロッパと極東アジアにまたがる分布域を持っていたのです。ロシアの極北地域の集団を調べてみると、そこにもこのハプログループが存在することがわかりました。グループ内の変異の幅が大きいのは東アジアから中央アジアの集団ですので、ハプログループＺはこれらの地域のどこかで生まれたと考えられます。それが北極海に面した先住民の集団を介して、ヨーロッパまで伝わっていったのでしょう。どの時代にどのような旅をしてヨーロッパにたどり着いたのかは不明ですが、「極北ルート」という思わぬ経路を通して、私たちはヨーロッパの人たちとつながっていたのです。

私たちの研究室では２００７年と２００８年に、上野寛永《かんえい》寺谷中《やなか》徳川霊園の改葬によって出土した多数の徳川将軍家の正室や側室、息女《そくじょ》のＤＮＡを調査したことがあります。そのなかに第10代将軍徳川家治《いえはる》の生母の人骨もありましたが、そのハプログループがＺ３だったのです。ミトコンドリアのＤＮＡは母系に遺伝しますので、家治のハプログループもＺ３だったことになります。彼は北欧の先住民サアミと同じ系統のハプログループを持っていたことになります。

## 日本人のＹ染色体ＤＮＡ

以上見たように、日本人の持つミトコンドリアＤＮＡには数多くのハプログループが存在していたのに対し、Ｙ染色体ではＣ、Ｄ、Ｏと呼ばれる３つの系統が人口の90％以上を占めています

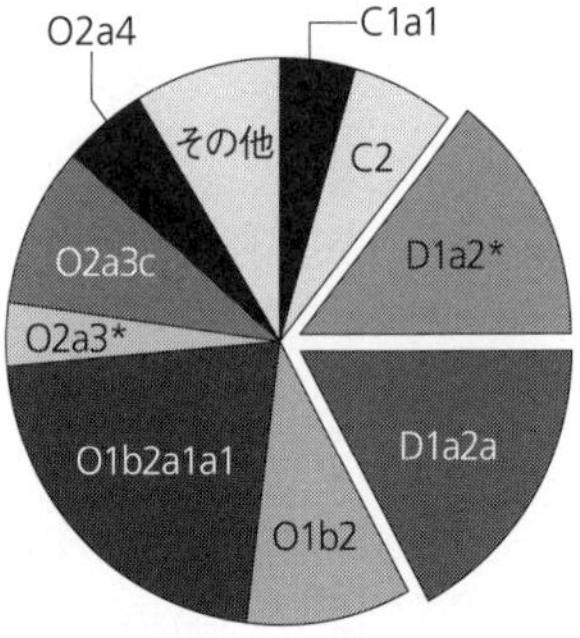


**図5-9　日本人のY染色体DNAのハプログループの割合**

日本人の持つY染色体ハプログループの大部分はC、D、Oの3つの系統のサブグループである（Sato et al. 2014を改変）

（図５－９）。これ以外のハプログループとしてはＱとＮの系統が認められているだけで、比較的単純な構成をしているようにも見えます。ただしそれぞれのハプログループはさらに細分化されていますので、詳しく見ていけばミトコンドリアＤＮＡと同様、複雑な構成をしていることがわかります。それぞれのグループについて見ていくことにしましょう。

ハプログループＯは、日本人の男性人口の約半数を占める最大のグループです。このグループは20以上のサブグループに細分化されていますが、日本列島に分布するのはＯ１ｂ２とＯ２と呼ばれる系統です。日本人を対象にしたいくつかの調査がありますが、いずれも人口比でＯ１ｂ２は30〜40％、Ｏ２は20〜30％程度を占めると報告されています。ハプログループＯの分布は、東アジアやオセアニアの全域に広がっていますが、日本に分布するサブグループの分布に限ってみると、Ｏ１ｂ２が朝鮮半島や華北地域に分布しているのに対し、Ｏ２は華北から華南にかけて広がっているようです。

ハプログループＣには10種類程度のサブグループが定義されていますが、そのなかで日本に存在するのはＣ１ａとＣ２と呼ばれる系統です。ハプログループＣが人口に占める割合は、本土日本でおおむね10％程度ですが、北海道のアイヌの人たちでやや多いという報告もあります。もっとも、このアイヌの人たちのデータは全部で16人分のサンプルから得られた結果ですので確定的な話ではありません。もう少し例数を増やさないと比較データとしては使えないでしょう。

ハプログループCは、東アジア、オセアニア、オーストラリア、シベリア、それに南北アメリカ大陸に広く分布しています。このうちサブハプログループであるC2は、沿海州の先住民集団やモンゴルの集団に非常に高い頻度で認められ、南に行くにしたがってその頻度を減少させていきます。これに対してC1はインドネシアを中心とする地域に高頻度で認められます。この特徴的な分布から、C2の系統は北から、C1aの系統は南から日本に入ってきたと推定されます。

ハプログループDは、Y染色体のDNAにYAP+と呼ばれる余分なDNA配列が挿入されたタイプです。ハプログループEも同様の変異を持っています。ミトコンドリアDNAには9塩基対が欠損するハプログループBがありましたが、Y染色体のハプログループDやEはそれとは逆に余分なDNAが付け加わったものということになります。ハプログループEはアフリカやユーラシア大陸の西部に分布し、私たちとは直接関係がないグループですが、ハプログループDの方は日本で多数の人口を占めており、私たちにとって重要なハプログループです。このハプログループDには今のところ6つのサブグループが報告されていて、私たちが持つのは、そのうちのD1a2と呼ばれるサブグループです。これまでの報告では地域によって多少のばらつきがありますが、だいたい日本人男性の30〜40%がこのハプログループを持っています。

これまで調査が行われている日本と近隣集団のY染色体とミトコンドリアDNAのハプログ

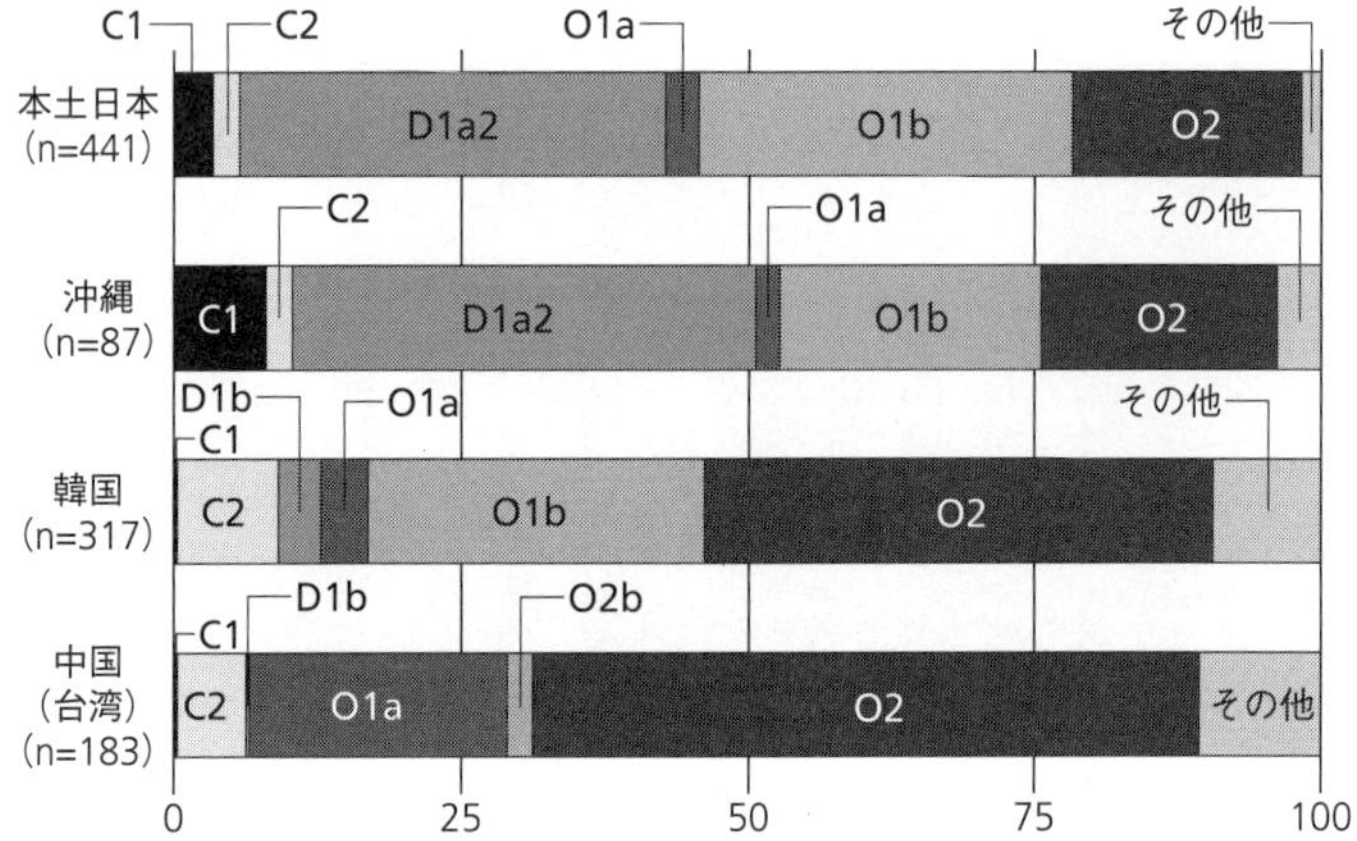


図5-10 日本とその周辺のY染色体ハプログループの地域比較（Nonaka et al. 2007を改変）

ループ頻度をグラフにしてみました（図5－10）。このグラフを見るとすぐに気づくと思いますが、日本と朝鮮半島、中国（台湾の漢民族）で大きく違っています。その原因は、ハプログループDの頻度にあることは明瞭です。日本の近隣集団では、ハプログループDをこれだけの高頻度で持っている集団はありません。このハプログループの起源を考察するために、もう少し検索の範囲を広げて考えてみることにしましょう。

ユーラシアの東部、北東アジアの各集団には低頻度ながらD1aの系統を見いだすことができます。また日本のハプログループに近縁のハプログループD1a1はチベットで人口の50％近くを占めていることも知られています。この分布は、もともと北東アジアに広く分布していたこのハプログループが、その後中国を中心とした地域で勢力を伸ばしたハプログループOの系統によって周辺に押しやられてしまった結果のように思えます。日本やチベットは海や高い山によってへだてられたので、このハプログループが高頻度で残ったのかもしれません。

この3大グループ以外のハプログループであるNとQは、いずれもアジアの北方の集団に分布しています。特にハプログループQはアメリカ先住民にも分布しており、シベリアで生まれて新大陸と北アジアの各地に広がったと推定されています。Nの系統は北欧やウラルの集団との関連性が知られており、その分布はミトコンドリアDNAのハプログループZを想起させます。どちらのハプログループも北方系の要素と言ってよいでしょうが、人口に占める割合は1％程度で、日本人においてはきわめてマイナーなグループです。

## 日本固有のハプログループ

Y染色体ハプログループの系統図（前掲図2－2）を見ると、日本に存在する3つの主要なハプログループは、系統的に離れたところに位置していることがわかります。このように互いに離れた系統が混在していることから考えて、Y染色体の系統も日本列島のヒト集団の多様性と重層性を示していると言ってよいでしょう。

後に述べますが、Y染色体は核の遺伝子ですので、現在の技術水準では古人骨から抽出して解析することは難しく、あまり多くの解析例がありませんが、これまで分析された数例の縄文人の

Y染色体のハプログループは全てDの系統でした。アイヌ集団では解析された16名のうち12名がハプログループD1a2で、残りがC2でした。一方、沖縄からは45名分のデータが得られています。その内訳は、ハプログループCの系統が4%、D1a2が56%、Oが38%です。Cの系統は他の地域と比べても多くはありませんが、Dが高い頻度で存在することが目に付きます。

ミトコンドリアDNAのハプログループでは、沖縄には日本の古い系統であるM7aが高率で残っていました。他の地域に比べて沖縄に高頻度で見られるハプログループは、古代から続くものである可能性があります。このことや、限定的ながらアイヌの人たちに高率で見られること、近隣集団には見られないこと、縄文人からも検出されていることなどを考え合わせると、Y染色体のハプログループD1a2が古代日本の主要なハプログループであったことは間違いないでしょう。

## 核ゲノムに現れた現代日本人の地域差

これまで見たように、ミトコンドリアDNAとY染色体のハプログループの系統を見ていくことで、私たちの祖先がどのような地域を通って日本列島に到達したのか、あるいは私たちの共通の祖先がどのような地域に棲んでいるのかが大まかにわかります。一方、DNA分析では、このような系統を追求する方法の他に、集団同士を比較して互いの近縁性を評価したり、あるいは同一の集団の中にある遺伝的に異なったサブグループを見いだすための分析も行われます。その時に使われるのが両親から受け継ぐ核のゲノムです。

２００８年に理化学研究所のグループが、日本全国から集められた７００３名のＤＮＡサンプルについて、それぞれの個体で、14万カ所のＳＮＰ（一塩基多型）を分析した結果を公表しました。この研究によって、日本列島集団は中国北京の集団とは明瞭に区別され、加えて少なくとも遺伝的に区別される本州と琉球の二つの地域集団から構成されていることが明らかになっています（図５－11）。これは列島集団に遺伝的な多層性が見られることを、大規模なＤＮＡ分析データによって初めて明らかにした画期的な研究で、琉球列島集団と本土日本の集団は異なった成立のシナリオを持っていることを示唆しています。なお、グループはさらに全国から大量のデータを集めて研究を継続し、２０１８年には20万人以上の日本人集団のＳＮＰデータベースを構築しています。このデータを使えば、さらに詳しい日本列島集団の地理的な特徴がわかるでしょう。研究の進展が望まれます。

実はこのような研究は、本来は疾患とＳＮＰの関係を知るために行われるもので、実際に癌などのい

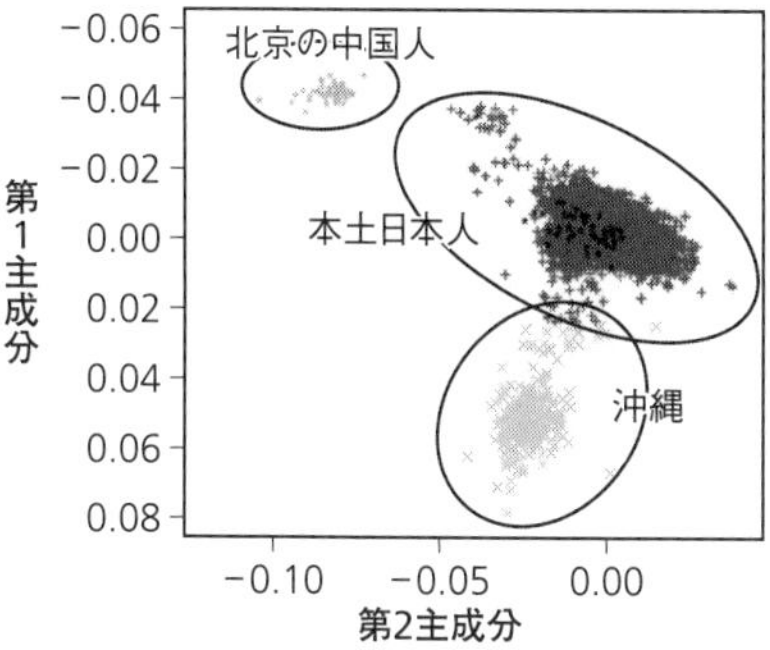


**図5-11　日本列島集団のSNP解析の結果**
日本人7003名のSNPの14万カ所を調べ、北京の漢民族のデータとあわせて主成分分析を行った結果。日本人は北京のデータとは明確に区別され、かつ本土日本と沖縄の2つのグループに分離した（Yamaguchi-Kabata et al. 2008 を改変）

くつかの病気と特定のSNPの関係が明らかになっています。疾病と遺伝子の関係をより詳細に知るためには大量のデータを集める必要があるので、このような研究がさらに精度を上げていくことは確実です。それは同時に列島集団の地域的な遺伝的特徴をより詳細に解明していくことになるでしょう。

国立遺伝学研究所の斎藤成也《なるや》さんらの研究グループによって、理研グループの研究ではわからなかったアイヌ集団に関しても、64万カ所のSNPの解析が行われています。その結果、解析したアイヌ集団の3分の1の個体に最近の本土日本人との混血の影響が見られること、本土日本以外の集団との混血の影響もあること、そして本土日本よりも琉球列島集団との類縁性が大きいことなどが明らかになっています。

さらに琉球列島集団に関しても、琉球大学の木村亮介《りょうすけ》さんや北里大学の太田博樹《ひろき》さんのグループを中心とした研究が進んでおり、琉球列島全域から集められた350名ほどのサンプルのおよそ73万箇所のSNPが解析されています。本土日本をはじめとする周辺集団との比較が行われており、その結果、ミトコンドリアDNAのハプログループ比較でも指摘されていたことですが、台湾の先住民集団との遺伝的な近縁性が認められないことが判明しました。また、琉球列島の内部では、沖縄本島と宮古島の集団との間に遺伝的な違いがあることなども明らかとなっています。

当然のことながら、このような分析によって明らかとなった隣接集団との違い、あるいは集団の内部に見られる地域差の理由を考えることは、集団の成立の経緯を明らかにすることにつながっています。なぜなら、これらの違いは集団が成立する過程のなかで生じたものと考えられるからです。以下の章では、これらのデータも使いながら日本人成立のシナリオを読み解いていくことにします。

## 集団の変遷について

出現率は1％に満たないものですが、現代日本人のミトコンドリアDNAを調べると、ヨーロッパのハプログループの系統が存在します。大航海時代以降、ヨーロッパ人は世界中を旅していますから、日本にヨーロッパ人のDNAがあっても不思議ではありませんが、ミトコンドリアDNAの場合、女性が入ってこないと集団にそのDNAが広まることはありません。一般に歴史時代に日本を訪れたのは男性が主体で、江戸時代より前に集団に固定されるほどヨーロッパ系の女性が流入したと想定するのは難しそうです。詳細についてはデータが少なくて結論が出せませんが、ヨーロッパ系のハプログループの大部分は明治以降の流入によるものだと考えてよいでしょう。

理研のグループの7000人余りの日本人の核ゲノムのSNP分析でも、ちょうどヨーロッパ人と現代日本人の中間に位置する個体が見いだされています。これは両者の混血だと判断できるのですが、現在では日本でランダムに1万人程度のサンプリングをすれば、混血の人や外国にルーツのある人が含まれるのは当然の時代になっていることを示しています。

現在のように人々が簡単に国境を越えて動く時代になると、当然のことながら国際結婚も増えますし、他の地域固有のDNAが国内に拡散していくことになります。明治以降に行われた海外移民の結果、世界の各地に多くの日系人と呼ばれる人たちが誕生しましたが、日本が経済的な発展を遂げた結果、彼らが日本に戻ってくることも多くなりました。それにともなって私たち日本人の持つミトコンドリアDNAやY染色体のハプログループにも新たな仲間が加わることになります。ごくわずかですが、明治以降の百数十年で新たなハプログループが流入しているわけですから、現在のように変化が激しい状況では、100年後に同じ調査を行ったら、日本人の持つハプログループ頻度も現在のものとはまったく違うものになっている可能性もあります。好むと好まざるとにかかわらず、これまでも集団のDNA構成は変化してきましたし、今後もさまざまな要因で変化していくことは間違いありません。それがヒトの集団の特徴でもあるのです。ヒトは地域に定住するだけでなく、さまざまな理由で移動も繰り返します。そのことが地域におけるミトコンドリアDNAの多様性を生み出しているのです。

それをもっとも典型的に表わしている地域のひとつがハワイです。ハワイは、人類が世界へ拡散して最後にたどり着いた地域です。ポリネシアの人たちが大型のカヌーを使ってマルケサス諸島からやってきたのは今から1300年ほど前のことでした。少人数での移住でしたから、そこに定着したポリネシア人の遺伝的な多様性はとても小さかったはずです。その後の歴史のなかで、ハワイには世界中から人が集まり、現在のハワイには実に多様な集団に由来する人々が生活しています。ハワイでは最初に到達したポリネシアの人たちが持っていたミトコンドリアＤＮＡやＹ染色体のハプログループの他に、世界中にあるほとんどのハプログループを見つけることができるでしょう。昨今の状況を考えれば、これからの歴史のなかで、世界の多くの地域がハワイと同じような状態になっていくと思います。日本も例外ではないでしょう。

日本では歴史時代に外国からの侵略や大量の移民などがなく、私たちは長い間、同族集団として暮らしてきたような感覚を持っています。しかし実際には過去に集団のＤＮＡ構成を大きく変えるようなヒトの流入も経験していますし、長い歴史のなかでわずかではありますが、外国からヒトが流入し続けています。彼らが持ち込んだＤＮＡは時間をかけて私たちの集団のなかに広がり、集団のＤＮＡ構成はそれによっても変化し続けています。

そもそもヒトの地域集団というのは、日本のように四方を海で囲まれている地域でも固定されたものではなく、歴史のなかで入れ替わり、変化し続けているものだという認識は大切です。おそらく世界の多くの地域の人々は、実感としてそのような感覚を持っているでしょう。このことを意識しておくことは私たちが他の地域の人たちと付き合う上で、大切なことだと思います。変化していく遺伝子の流れのなかで、私たちは子孫に何を残していくのか、遺伝子とは異なり、変わらずに残していかなければならないものは何なのかを、この時代に改めて考えてみることも重要でしょう。

# 第6章
# 日本人になった祖先たち

## 日本人起源論の系譜

前章では現代日本人の持つＤＮＡの特徴について解説しました。この列島の内部に見られる遺伝的な特徴は、集団が成立する過程のなかで生じたものと考えられますから、それがどのように形成されたのかを考えることは、日本列島集団の成立の経緯を明らかにすることにつながります。本章ではこの問題に、古代人のＤＮＡ解析によって得られたデータを加えて説明していきますが、その前に、従来の人骨研究から導かれた日本人の起源論について紹介しておきましょう。

明治以来の形質人類学的な研究によって、日本列島集団の姿形には2つの大きな特徴があることが知られています。ひとつは形質には時代的な変化があるということで、具体的には、縄文時代の人骨と弥生時代の人骨に明確に認識できる違いが認められることを言います（図6－1）。

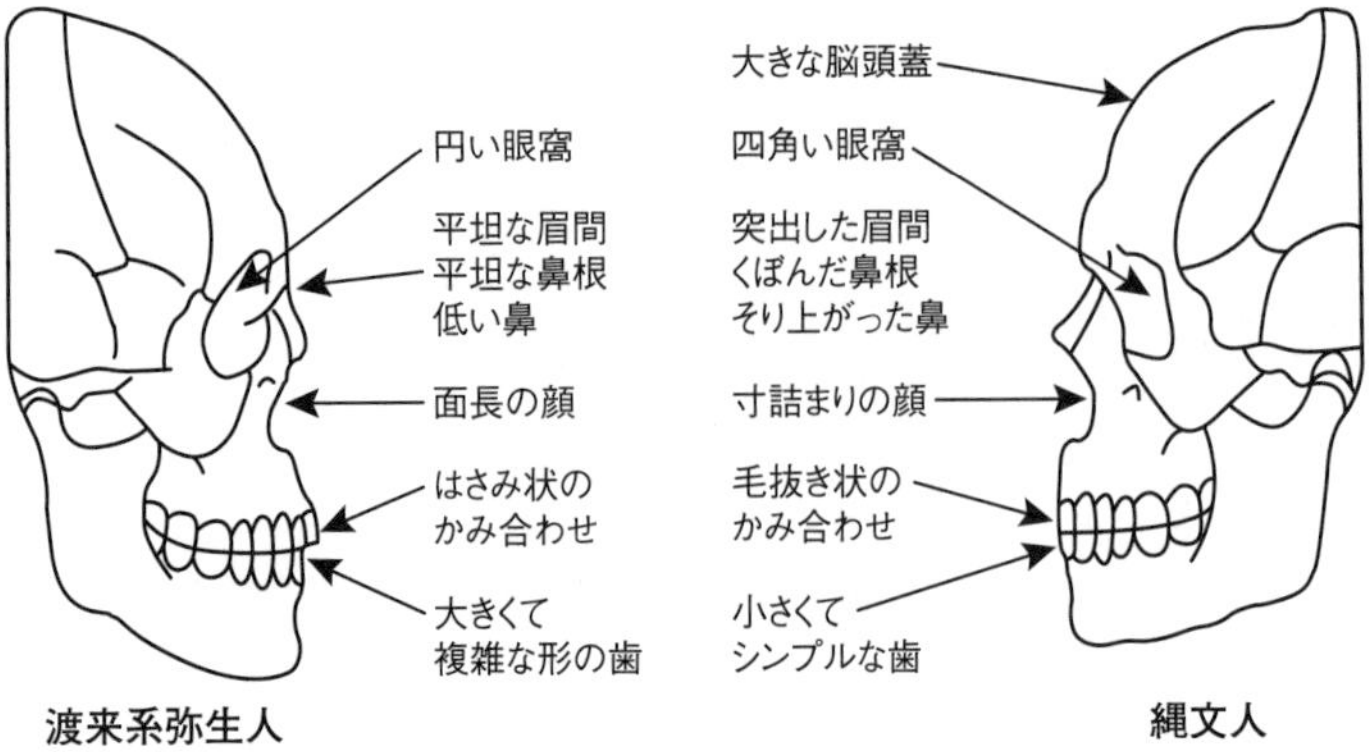


図6-1　縄文人と弥生人の顔面部の骨形態の違い

ただし、この場合の縄文人というのは、今からおよそ5000年前の縄文時代中期以降の、主として関東以北の太平洋岸の貝塚に埋葬された人骨を指し、弥生人は北部九州の甕棺に埋葬された、いわゆる渡来系弥生人を指していることには注意する必要があります。実際には両者の違いは、時代的な要因の他に地理的な変異も考慮する必要があります。

2つ目の特徴は、現代の日本列島には形質の異なる集団が存在しているということで、こちらは北海道のアイヌ集団と本州を中心としたいわゆる本土日本人、そして琉球列島集団には、姿形に区別しうる特徴があるということを指しています。特に琉球集団とアイヌの人々は見た目が似ており、本土日本人との差が際立っています。このことは実感として納得できる人も多いでしょう。このような形質の違いについて、日本人の成立史の中でどのように説明されてきたかを以下に見ていきます。

今日の日本人起源論につながる議論は、日本に近代的な学問が本格的に導入された明治時代にさかのぼります。ただし明治時代の人類学は考古学や民族学を包含した学問体系で、そこで議論される日本人の起源論もこれらの分野を横断したものでした。この頃の起源論は、記紀の記述などにも影響され、基本的には人種の交替によって日本人が成立したと考えていました。先住民の住んでいた日本列島に大陸から進んだ文化を持った人たちが渡来して、国家を築いたと考えていたのです。そのようななか、大正から昭和にかけて日本各地で多数の人骨が発掘されたことによって、もっぱら発掘人骨の形態学的な研究に基づいた起源論が提唱されるようになります。その中心となったのが京都帝国大学医学部教授だった清野《きよの》謙《けん》次《じ》と後に東京帝国大学の初代人類学科の教授になった長谷部言人《ことんど》でした。清野は現代日本人とアイヌ、石器時代人(縄文人)の人骨の比較から、日本石器時代人は日本人でもアイヌでもなくひとつの独立した集団で、これが後に周辺から渡来した人々と混血して変化したという仮説、いわゆる混血説を提唱しました。これに対し長谷部は、石器時代人と現代人の骨格形態の違いは時代変化によって説明できると考える変形説を唱えたのです。なお、この変形説の背景には、生物は変化するというダーウィンの進化論があります。長谷部の学説は日本人の形成の問題に生物学的な視点を初めて持ち込んだものだったのです。そしてこの2つの説は、その後の日本人起源論の大きな潮流となって、後継者に受け継がれることになりました。

第二次世界大戦後、混血説は九州大学の金関丈夫《かなせきたけお》によって唱えられた渡来説へ受け継がれ、変形説は東京大学の鈴木尚《ひさし》に引き継がれることになりました。現在とは違って1980年代までは鈴木の変形説が定説と考えられていました。鈴木の研究は、それまで縄文・弥生時代の人骨だけを使って行われてきた起源論の研究に対し、その後の歴史時代の人骨をも網羅するもので、人類学者にとって大きな説得力を持つものだったのです。

日本人の骨格は歴史上2回、大きく変化します。1回目は縄文から弥生時代にかけて、2回目は江戸から明治にかけてです。この2回の画期は、いずれも日本人の生活様式が大きく変わった時期でした。前者は狩猟採集社会から農耕社会への移行、後者は西洋文明の受容です。明治時代に大量の移民はなかったのにもかかわらず日本人の体型は大きく変わったわけで、その状況を目の当たりにしていた研究者たちは、縄文・弥生移行期における変化も変形説で説明することを容易に受け入れることができたのです。またその背景として、戦後の日本に定着した日本人の単一民族神話が、この説の受容に大きく影響したことも見逃せません。第二次世界大戦後は、日本では有史以来同じ集団が存続し続けたという考え方が支配的で、渡来による混血という考え方をする人は少数だったのです。

しかし1980年頃までに、九州大学や長崎大学の解剖学教室によって北部九州地域で多数の人骨が発掘され、この地域の集団の特徴が詳しく調べられたことで状況は変化します。その結果は混血説を強く支持するもので、縄文人から弥生人への変化を変形説で説明するのには無理があることを多くの研究者が感じるようになったのです。そして現在では埴原和郎《はにわらかずろう》によって提唱された、旧石器時代人につながる東南アジア系の縄文人が居住していた日本列島に、東北アジア系の弥生人が流入して徐々に混血して現在に至っているという「二重構造説」が、主流の学説となっています。

この学説は、列島内だけではなく東アジアの集団の成立も含めた視野の広いもので、おおよそ以下のような集団形成のシナリオを想定しています。まず旧石器時代に東南アジアなどから北上した集団が日本列島に進入して基層集団を形成し、彼らが縄文人となります。一方、列島に入ることなく大陸を北上した集団は、やがて寒冷地適応を受けて形質を変化させ、北東アジアの新石器人となったと考えるのです。弥生時代の開始期になると、この集団の中から朝鮮半島を経由して、北部九州に稲作を日本にもたらすものが現れます。それが渡来系弥生人と呼ばれる人々です。つまり、縄文人と渡来系の弥生人はそもそも由来が異なるので、姿形に違いがあるということになります。弥生時代以降、大陸から渡来した人々は、金属器と水田稲作を全国に広めていくことになるのですが、その過程で在来の縄文人と混血していくことになったと考えています。歴史時代を通じてこの混血は進みますが、稲作が入らなかった北海道と、北部九州からおよそ2000年おくれて、10世紀頃になってようやく稲作が入った南西諸島では、縄文人の遺伝的な影響が強く残ることになります。つまり両者の見た目の類似性は、縄文人の影響であると考えるのです。

この二重構造説は、列島内部に見られる時間的・空間的な形質の違いを、基層集団と渡来した集団の関係というひとつの視点で説明しているところに特徴があります。

埴原の二重構造説は、最新の統計技法やコンピュータによるシミュレーションを駆使し、大量の渡来人が存在した可能性を示唆したものでした。渡来人の数が１００万人にもなりうるというセンセーショナルな数字の効果によって、二重構造説は埴原が最初に唱えたように思われていますが、在来の集団に大陸から渡来した集団が混血して日本人が成立するという二重構造説の枠組みは、説明したように明治以来、多くの研究者によって唱えられてきましたし、埴原が唱える直前にも人類遺伝学の尾本惠市《おもとけいいち》や形質人類学の池田次郎、山口敏《びん》といった研究者によっても提唱されていました。

## 二重構造説の問題点

二重構造説が唱えられた１９９０年代の初頭までは、人類の起源に関しては、「現生人類は各地域の原人が独自に進化して成立した」とするいわゆる「多地域進化説」が人類学の分野の定説でした。しかし、アフリカでの化石人骨の再検討とともに現代人のＤＮＡ分析が進んだことで、現在では、私たち現代人はおよそ20万年前にアフリカで誕生し、６万年ほど前にアフリカから出て世界に広がった人々の子孫であるという「新人のアフリカ起源説」が定説として受け入れられています。

この学説の変化は、多地域起源説に従って、原人段階までさかのぼる長いタイムスパンのなかで考えられてきた日本人の起源についても、大きな変更を迫ることになりました。これまでは日本人の起源の問題は、北京原人などに代表される東アジアの原人が、いつ、どのような過程を経て新人となったのか、あるいは東アジアで生まれた新人が、どのような経路で日本列島に到達し、私たち日本人の祖先となったのか、もしくは日本列島のなかでも原人から新人への進化があったのか、という問いに答える必要がありました。しかしアジアでは原人から新人への移行がなかったとすれば、原人段階から新人への進化を考える必然性はありません。たとえ日本で原人段階の化石が見つかったとしても、それを私たち現代の日本に住む集団の起源に関連させて解釈する必要はないからです。人類進化の学説の変化は、結果として最初の「日本人」の出現を従来よりもはるかに新しい時代に設定し、日本人の成立を、6万年前以降に起こったアジアにおける新人の拡散と移動の一部に位置づけることになりました。さらに言えば、日本人の起源の解読には、アフリカから拡散した人類の長い旅路のシナリオの一部を構成するという視点が必要になったのです。しかし二重構造説は、後期旧石器時代の大陸でのヒトの移動を考えていながら、この部分については化石の証拠がほとんどないために、検証された理論になっていません。

二重構造説は、均一な縄文人社会が、水田稲作と金属器の加工技術をもった大陸由来の集団を受け入れたことによって、本土日本を中心とした中央と、南西諸島・北海道という周辺に分化していくというシナリオです。先端技術を受け入れた中央と、その影響が波及しなかった周辺という見方をしているのですが、果たしてこのような視点で、南北3000キロを超え、寒帯から亜熱帯の気候を含む日本列島・南西諸島の集団の成立を正確に説明できるのか、という問題があり

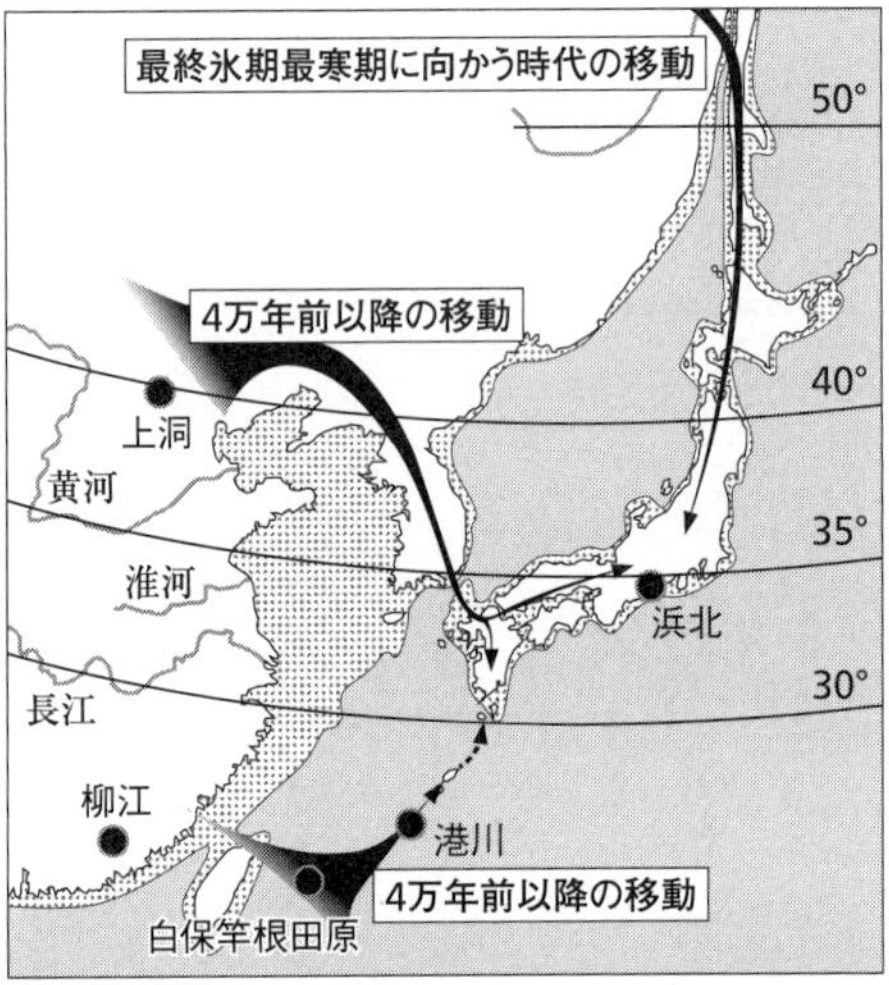


**図6-2　推定される旧石器時代の日本列島への進入ルート**

現在の海岸線と、およそ2万年前の海岸線（海水面の低下によって陸地面積が広くなっている）を描いている（池田 1998を改変）

ます。日本列島には、後期旧石器時代にあたる4万年ほど前にホモ・サピエンスが進入したと考えられていますが、大陸との地理的な関係を考えるとルートとして図6－2に示した3つが想定されます。二重構造説では、それぞれの経路を利用して列島に進入した旧石器人が、縄文時代の中期までには日本列島内部で均一化したと仮定しているのですが、そのプロセスに関しての言及はありません。実際には、中期以降の縄文人の形質が比較的均一で、「縄文人」として括ることができることをその根拠としているのですが、そもそも縄文人的な形質を持った集団が、どの範囲まで分布していたのかもよくわかっていませんし、実のところ形態学的に「均一である」とか「似ている」という概念はあやふやで客観的な基準がありません。比較対象との関係で決まりますから、これは弥生時代の人骨との違いが大きいために均一に見えているだけだと捉えることもできるのです。

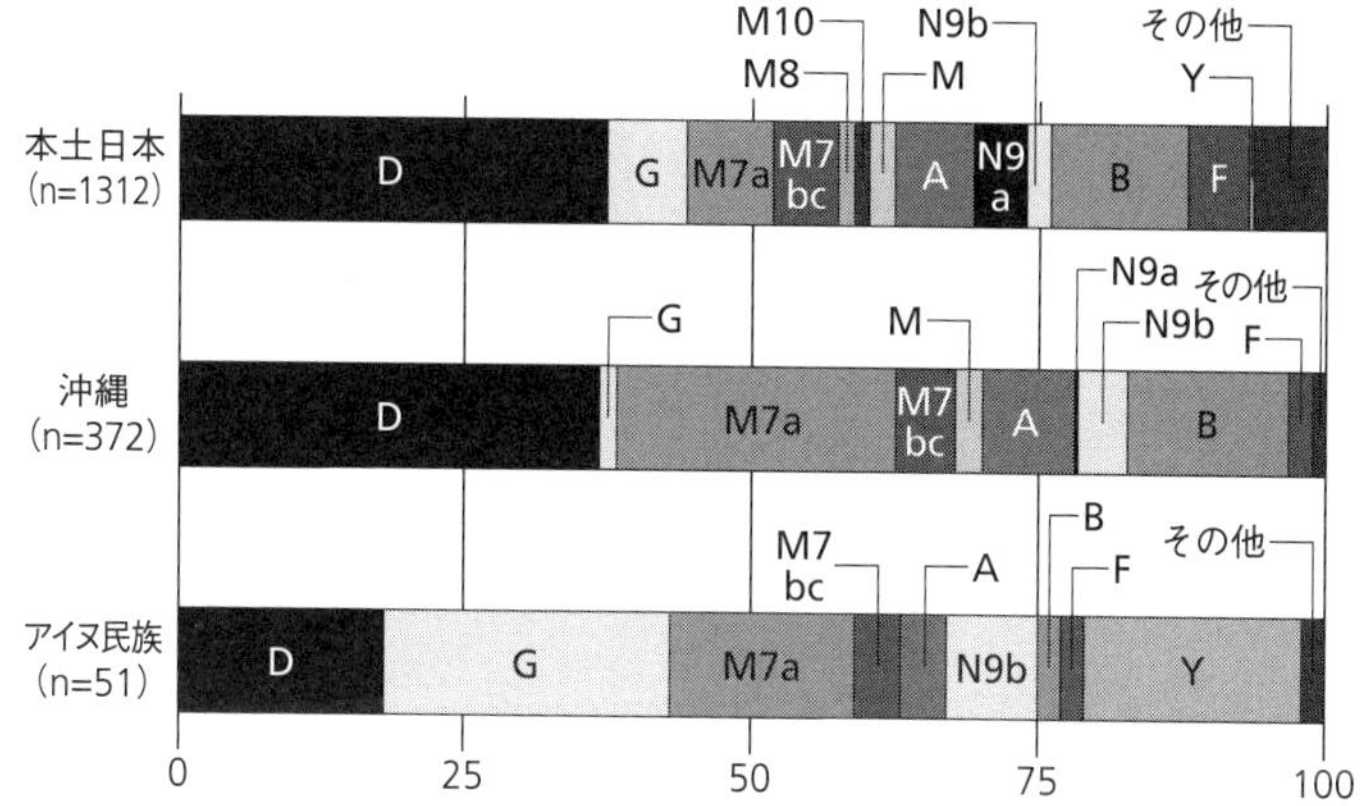


**図6-3　日本の現代人3集団のミトコンドリアDNAハプログループ頻度の比較**

狩猟採集民である旧石器から縄文時代にかけての集団は、その生活が生態環境に依存していたはずです。人々が持つそれぞれの生態系に関する豊富な知識が、そこでの生活を可能にしていたはずですから、異なる生態系への適応は難しかったと考えられます。旧石器時代の北海道は寒帯から冷温帯に属し、針葉樹林や草原が卓越していました。本州の北半分は冷温帯の針葉樹と落葉樹林、南半分は温帯の針葉樹と落葉樹が広がっており、琉球列島は温暖帯の照葉樹林でした。このような多様な生態環境のなかで生きた人々が均一化に向かうとは考えにくく、むしろ環境の違いは集団の分化を促したと考える方が自然でしょう。列島集団の成り立ちに関して、本州・四国・九州とは生態環境の大きく異なる琉球列島と北海道を個別に考えることが必要です。実際、本土日本、アイヌ、琉球の3集団のミトコンドリアDNAハプログループ頻度は互いに異なっており、特にアイヌと琉球集団の間に類似性は認められません。DNAデータは二重構造説を支持していないのです(図6-3)。

1990年代以降に行われた人骨の形態学的研究では、形態小変異の出現頻度でも琉球列島集団は弥生時代以降の本土日本人に類似し、アイヌとの共通性は認められないこと、アイヌ集団はおおむね縄文人に似ているとしているものの相違点も存在することなどが指摘されています。DNA研究だけではなく形態学の分野でもデータが蓄積されるにつれて、二重構造説では説明のできない事象が報告されるようになっています。そのため、このような単純な捉え方では列島集団の多様性を説明できないと考える研究者も増えつつあります。

## 古人骨のDNA分析の歴史

私たちのDNAは過去のさまざまな時代に日本列島へ流入した人たちの持っていたDNAから構成されています。日本人の成り立ちをDNAから調べようと思えば、今の私たちが持っている遺伝子が、いつの時代に日本に入ってきたかを明らかにする必要があります。古代人のDNAが分析できなかった時代には、いろいろな状況証拠をもとに過去を復元する試みがなされてきました。たとえば、アイヌの人たちは縄文人の直系の子孫と考えられていたので、彼らが持つDNAを縄文人と同じだと仮定して、考察を進めた研究もあります。しかし、後の章で述べますがアイヌの人たちも独自のポピュレーションヒストリーを持っており、彼らのDNAを縄文人と同じだと考えることは、結論を誤ったものに導くことになります。やはり正確な過去の復元のためには、現代人データを用いるのではなく、過去のＤＮＡ情報に直接アクセスする必要があるのです。それは30年前には人類学者の夢でした。20年前に古代人のミトコンドリアＤＮＡの分析が可能になって、夢の一部が実現し、２０１０年以降は核のゲノム解析も可能になることで、夢は完全に実現することになりました。

古代の人体試料にＤＮＡが残っているということを最初に報告したのは、中国の研究者です。１９７２年に湖南省長沙市郊外の馬王堆《まおうたい》にある前漢初期の墳墓から発見された保存状態の良好な婦人のミイラにＤＮＡが残っていたことが報告されています。しかし、この報告書は中国語で書かれていたこともあり注目されることはありませんでした。80年代になって、博物館に保存されていた、１００年ほど前に絶滅したクアッガというシマウマに似た動物の毛皮からＤＮＡが抽出され、ミトコンドリアＤＮＡの一部の配列が決定されました。この実験の成功によって、古代遺物に解析可能な形でＤＮＡが残されているということが証明されたのです。それに引き続いて行われた、スバンテ・ペーボによるエジプトのミイラからのＤＮＡ抽出と分析の成功は、それがヒトに由来する試料であることと、数千年前という年代の古さから、研究者に大きなインパクトを与えました。もっとも現在では、彼が報告したヒト由来のＤＮＡは、現代人のものが誤って混入した、コンタミネーション（試料混入）の結果を見たものだということがわかっています。ヒトの古代ＤＮＡ分析は誤解からスタートしたのです。しかしペーボらは、これを戒めとして古代

ＤＮＡ分析に厳しい基準を設け、実験の方法に改良を加えていったので、この分野の確立に成功しました。その最初の大きな成果が、先に述べたネアンデルタール人のミトコンドリアＤＮＡ分析です。

分子生物学の解析では、基本的には大量のＤＮＡを用意しなければなりません。初期のミトコンドリアＤＮＡの研究では、そのために胎盤を材料に使っていました。胎盤は比較的大きな組織ですから大量のＤＮＡを含んでおり、入手も他の組織に比べれば容易ですから研究材料としては最適だったのです。世界中の研究者は、産婦人科を回って試料を集めていました。研究者の間には、ＤＮＡ解析もさることながら、このサンプルの収集がたいへんだったという話が伝わっています。

この状況を一変させたのは、１９８５年にキャリー・マリスによって発見されたＰＣＲ法(Polymerase Chain Reaction method)でした。ＰＣＲ法は極めて微量なＤＮＡの溶液のなかから、自分の望んだ特定のＤＮＡ断片だけを選択的に増幅させることができる技術です。この方法を用いれば、試料に大量のＤＮＡが残存している必要はなく、ごく少量のＤＮＡを、通常の分子生物学の解析に必要な量まで増幅させることが可能なのです。マリスはこの方法をガールフレンドとのドライブの最中に思いついたと言っています。まるで、風呂で浮力の原理がひらめいたアルキメデスの故事を思わせるような話ですが、実際ＰＣＲ法の原理自体は簡単なので、車の運転をしていても思いつくことができるようなものなのです。多くの研究者はＤＮＡの増幅は生物の体のなかで行われるもので、試験管のなかで可能だとは考えていなかったので、このアイデアを思いつくことはなかったのです。ともあれ、ある晩マリスの頭のなかにひらめいたアイデアが、その後の分子生物学の研究に与えた影響は甚大なものでした。もはやミトコンドリアＤＮＡの分析のために大量の組織や血液を集める必要もなくなりましたし、現在では綿棒で口のなかをひとかきするだけで、たいていの解析に必要なＤＮＡが用意できてしまいます。

１９８８年にはＰＣＲ法の反応過程が自動化され、さらに簡便に利用できるようになりました。ＰＣＲ法がブレイクスルーとなって、これまで形態に頼っていた古人類学の研究も、従来踏み込めなかった遺伝子の直接解析という領域に進出したのです。そしてその一定の成功によって、90年代の前半には、ＰＣＲ法を用いれば古人骨から抽出したＤＮＡでも解析の対象となり得る、というコンセンサスが形成されていったのです。

人骨を使用する方法については、その後いくつもの改良が積み重ねられて、１９９０年代半ばには、ほぼその解析技法が確立されました。もっとも、古人骨は経年的な変性によってＤＮＡが短い断片に寸断されており、現代人を対象とした研究ほど簡単にはできません。本書の冒頭で紹介した次世代シークエンサが実用化された２００６年まで、古人骨もＤＮＡ分析で対象となったのは、ひとつの細胞中に多数のコピーがあるミトコンドリアのＤＮＡだけでした。しかし、このマシンの登場が古代人ゲノム解析を大きく変えた状況については、これまでの章で紹介してきた通りです。

ＤＮＡ分析は破壊を伴う実験ですから、人骨を管理している形態学の研究者が骨の分析の許可に躊躇《ちゅうちょ》するのは当然です。最初にネアンデルタール人骨の分析をしたペーボのグループは、そのプランを実行する時の状況を、「モナリザのカンバスをカッターナイフで一部削り取らせてくれ」と頼むようなものだった、と述懐しています。古人骨のDNA分析では、ある程度の成功に関する見込みと、成功したときの結果の重要性を勘案して分析計画を実行する必要があるのですが、現在の次世代シークエンサが生み出す古代ゲノムの情報は、それを補って余りあるものになっています。また、実験方法の改良もあり、現在では1回の実験に用いられるサンプルの量は0・5グラムほどと、ごくわずかになっています。

## 日本の古人骨

日本列島に住む人の総数はどのくらいでしょうか。現在の人口が1億2000万人程度であることはどなたでもご存じでしょう。日本列島に最初にホモ・サピエンスが到達したのは、考古学的な証拠からおよそ4万年前だと考えられていますが、ではその後、どのくらいの数のヒトがこの列島で暮らしたのでしょうか。かつて私の勤務する国立科学博物館で日本人の起源を説明する展示を作ったときに、その数を推定したことがあります。2万5000年ほど続く旧石器時代に関してはほとんど情報がありませんが、縄文時代や弥生時代になると遺跡の数から人口が推定されています。そして、骨の形態学的な調査によって明らかとなった各時代の平均寿命をもとにすれば、時代ごとの総人数を算出できます。さらに、戸籍が整備された時代では歴史資料をもとにした人口から、これも平均寿命を用いて総数を導き、時代ごとに算出した人数をすべて合算すると、列島に生きた人々の総数となります。その数は、およそ6億人程度でした。これはいくつもの仮定を含んだ数ですので誤差も大きいとは思いますが、大まかには5億から10億程度の人間がこの列島で生まれ、生活して死んでいった、あるいは今も生きている、ということになります。

今は1億以上の人間がいて、過去は4万年の歴史があるのですから、この数を聞いて少ないと思う人の方が多いと思います。しかし日本列島の歴史を振り返ると現在の方が異常な状態ということになるのです。私たちは先人に学ぶことも多いですが、こと人口問題に関しては先人の知恵だけではどうにもならないということがわかります。

それでは、すでに亡くなっている数億人の人たちのなかで、人骨が残っている人はどのくらいでしょうか。日本列島を覆う火山灰は多くの場合酸性に傾いているので、雨が降ると水分は酸性を帯びて、地下に埋葬された人骨を溶かしてしまいます。日本列島で人骨が残ることは稀な出来事なのです。1万5000年ほど続いた縄文時代と、およそ1000年間続いた弥生時代では、いずれも総人口は2000万人ほどという数字が出ているのですが、そのなかで、全国の大学や博物館に保管されている人骨の数が、破片まで含めて数千体程度です。従って、おおよそ5000人から1万人にひとりくらいの割合で人骨が残されているということになります。ただし、これには地域的な差も大きく、縄文人であれば貝塚の発達した関東以北の太平洋岸、弥生人であれば甕棺という特殊な容器に人を埋葬した北部九州地域のものが大部分です。また、中世鎌倉や江戸時代の人骨はかなりの数が出土していますが、火葬が普及した平安時代の人骨は残念ながらほとんど残ってはいません。日本の大学・博物館に研究用の資料として収蔵されている出土人骨は全体で数万体に及びますが、これらは、各時代から数千人にひとりの割合で選ばれた人たちということになります。そしてこの人たちが日本人の起源と成立を知るための貴重な情報源となっているのです。

古人骨から抽出されたＤＮＡの研究は、系統や血縁、集団間の関係に関して、従来の方法ではとても手に入れることのできなかった情報を得ることができるのですが、このようにサンプルに偏りがあることも認識しておく必要があります。分析方法が進歩しても、どうしても越えられない壁がこの資料の偏りで、研究者は日本人の成り立ちをさらに明確にするために、これらの人骨試料を後世に伝えると共に、さらなる人骨の収集を続ける努力をしていく必要があります。

## ＤＮＡから見た縄文人

日本人の成り立ちを説明する二重構造説では、「縄文人の起源は南方から進入した旧石器時代人であり、旧石器から縄文時代を通して列島内部での集団の均一化が進んだ結果、弥生の開始期にあたる３０００年ほど前には全国的に均一な形質を持っていた」と仮定していました。しかし、研究された縄文人骨の時代と地域は偏っており、その結論は、あくまで分析した縄文人骨を見るかぎり、という限定が付きます。実際には、列島の各地から出土する縄文人骨の形態に地域差を認める研究もあります。縄文人のDNA分析が進んだことで、今では彼らが、地域によって異なる遺伝的な集団に分化していた可能性が示されるようになっています。

次に、DNA分析の結果判明した縄文人の実像について解説することにしましょう。

## ミトコンドリアDNAが示す縄文人の地域性

私たちの研究グループは、これまで全国の遺跡から出土した100体以上の縄文人のミトコンドリアDNAのハプログループを決定し、次世代シークエンサを使ってその全塩基の配列決定を行っています。このデータを元に、出現するハプログループを地域別に示したのが次ページの図6-4になります。図からわかるように、ほとんどの地域の縄文人から出現するハプログループが3種類あります。M7aとN9bとD4b2というハプログループです。このうちM7aとN9bは、日本列島以外の現代人集団からはほとんど見つからない、という特徴を持っていました。また、両者の集団内の比率には地域差があり、琉球列島を含む関西以西の地域では、大部分がM7aなのに対し、関東から北海道ではN9bが多数を占めています。

ミトコンドリアDNAの全配列を用いた分析で得られた配列データを用いて、さらにそれぞれ

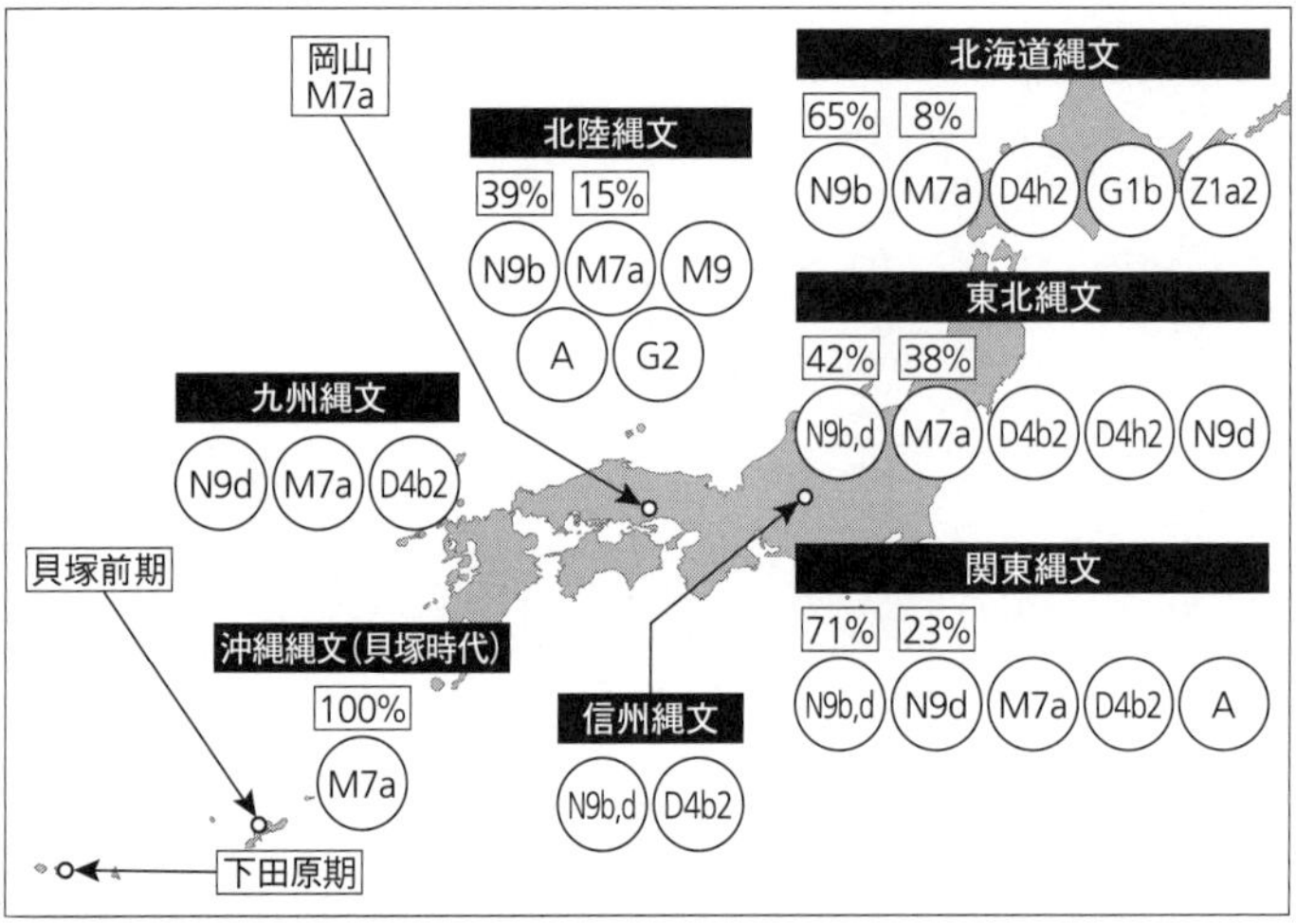


**図6-4　各地域における縄文人のミトコンドリアDNAハプログループ**

のハプログループをサブグループまで分類すると、M7aに関しては、関西以西と東北・北海道では基本的に異なるサブグループが分布していることもわかりました（図6-5）。西日本を中心とした地域は、M7a1の系統が分布しており、東北・北海道に分布するM7a系統の大部分は、M7a2かM7a3、あるいは現代人にはないサブグループでした。つまり縄文人では、地域集団のミトコンドリアDNAの組成が違っており、少なくともハプログループM7aの系統から見る限り、均一な縄文人という考え方は成り立たないのです。なお、M7aの成立時期が3万～2万年前であることを考えると、このハプログループは縄文時代の開始期よりも前の旧石器時代に西から日本に進入したと考えられます（図6-6）。その後、日本列島内に分布を広げていき、その過程で新たなサブハプロ

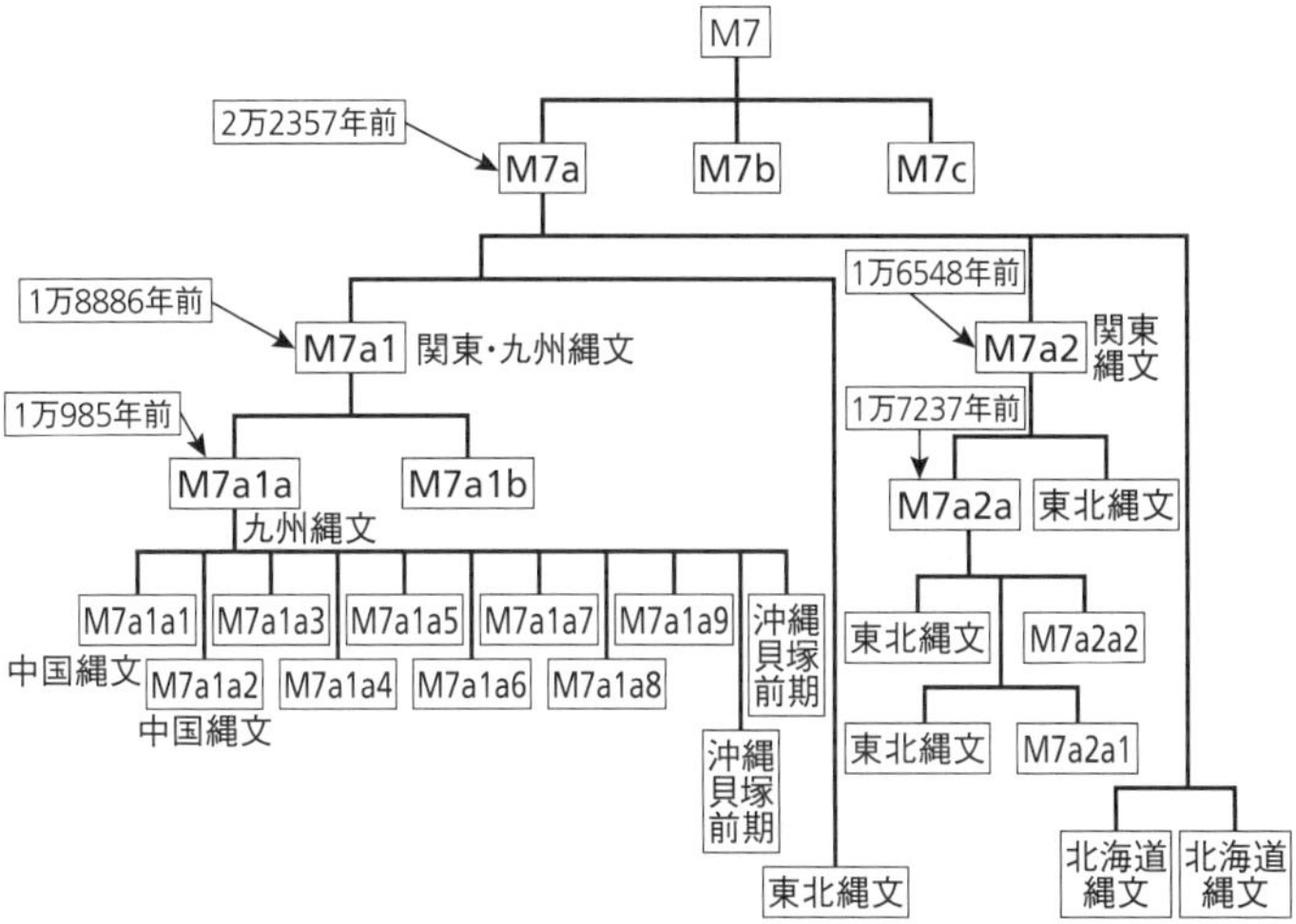


図6-5　ハプログループM7aの系統図
矢印で示しているのはそれぞれのハプログループのおおよその成立年代

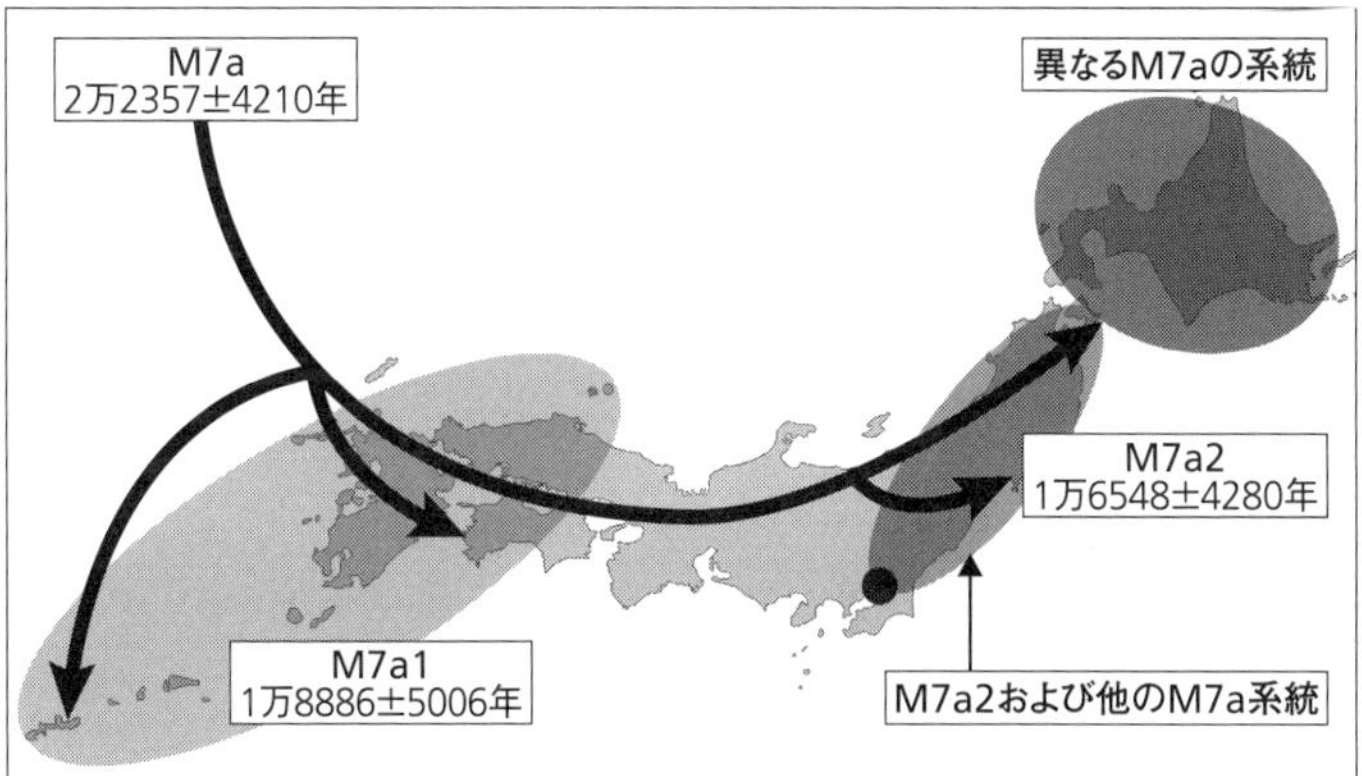


図6-6　予想されるハプログループM7aの日本列島への展開とおおよその年代

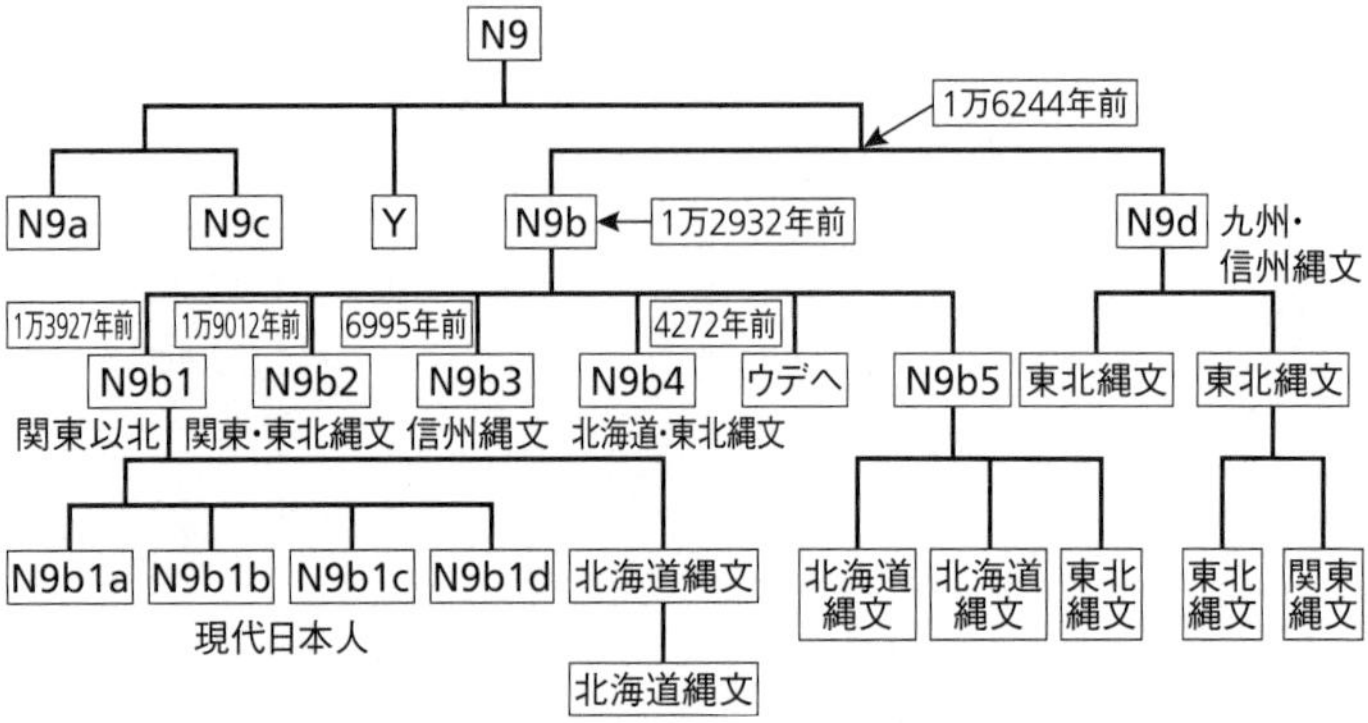


**図6-7　ハプログループN9bの系統図**

矢印で示しているのはそれぞれのハプログループのおおよその成立年代

グループを生んでいったのでしょう。地域による分布の違いは、地域間の交流が広範囲に及ぶものではなかったことを示していると考えられます。

一方、Ｎ９ｂの分布は複雑です。次世代シークエンサを使った分析で、縄文人には現代人には見られない新たな系統が存在することがわかりました。私たちがＮ９ｄと名付けたこの系統は、Ｎ９からＮ９ｂと共に分岐する系統で、両者は１万６０００年ほど前に分かれたと推定されています（図６－７）。この系統の出現頻度は低いですが、古い分岐を持っていることからも予想されるように、九州から東北までの全国の縄文遺跡から出現します。もしかするとＮ９ｂとは異なる経路で日本列島に入ったのかもしれません。なお、今のところ西日本では、北九州の縄文人からＮ９ｄが１個体見つかっているだけで、他のＮ９ｂの系統は見つかっていません。また逆に、このＮ９ｄ系統は北海道の縄文人からは見つかっていません。

ハプログループN9bにはb1からb5までのサブグループがありますが、すべて関東以北の縄文人から見つかっています。このうちb1とb5の分布は広く、関東・中部から北海道までの複数の遺跡から見つかっているのに対し、b2とb4は関東と東北に限局し、b3は関東・中部にのみ分布します。今のところ、このような分布が何を意味しているかは説明できていませんが、縄文人の拡散に関係した現象であることは間違いないでしょう。

北海道の縄文人は他の地域と比較して、ミトコンドリアDNAのハプログループの頻度と構成する種類が異なっています。北海道にだけ存在するG1bやZ1a2は、基本的に北方系のハプログループですから、北海道の縄文人はサハリン、沿海州などの北東アジアの集団と関連があると考えられます。縄文人に見つかっているD4の系統に関しても同様のことが言えます。北海道と東北の縄文人からはD4h2という系統が見つかっていますが、その頻度は北海道の方が高いので、北から東北に流入したハプログループだと想定されます。この系統の姉妹グループであるD4h3はアメリカ先住民に見られます。両者は2万年以上前に分岐しましたから直接の関係はないと思われますが、やがてベーリング海峡を越えていく集団が持っていたハプログループと最後に分岐したタイプが北海道を中心とした縄文人に見つかることは示唆的です。

縄文人に見いだされるもうひとつのD4系統であるD4b2は、これまで全国で3例しか見つかっていない非常に珍しいものです。九州と中部、東北の縄文人に各1例存在します。ちょうどN9dと同じような分布をしていますので、もしかすると一緒に日本に入ったのかもしれません。

なお、D4bの系統はアジアの広い地域に存在し、現代の日本人にも比較的多く見られるものですが、この縄文の系統を引く現代人は少ないようです。

## 縄文人とは誰なのか

考えてみれば、縄文人というのは縄文時代に列島に居住した人々を総称して指す学問上の定義であって、彼らは、私たちが日本人であると認識しているのと同じような感覚で自分たちを縄文人として意識していたわけではないでしょう。より詳細な分析が可能なDNAデータを解釈する際には、そのような集団をひとまとめにして考察を進めることには、そもそも問題があることを意識する必要があるのかもしれません。

さらに最近の年代学の進歩は、縄文人の定義に新たな混乱を持ち込んでいます。放射性炭素年代法に加速器質量分析法（AMS法）が用いられるようになり、微量のサンプルを用いた高精度の年代測定が可能になった結果、多くのサンプルの分析が行われるようになり、弥生時代の開始期が、従来考えられていた紀元前5世紀から、紀元前10世紀までさかのぼる可能性が示されました。弥生時代の開始期が500年ほど古くなったのです。弥生時代の始まりは、現在では「日本で水田稲作が始まった時期」と定義されています。日本で一番最初に水田稲作を始めた北部九州の年代が紀元前10世紀にあたるために、この時期が弥生時代のスタートとされているのです。そのため、従来は縄文時代晩期後半とされてきたこの段階を、弥生時代早期と呼ぶことも多くなりました。

一方で、人類学では縄文人というのは縄文時代に生きた人のことを指しますから、縄文の最後が弥生時代になったことで、その時代に生きた人は定義に従うと弥生人ということになってしまいます。北部九州で農耕社会に移行しても、それが全国的に広がるには時間がかかります。弥生時代になっても縄文時代と同じ生活をしていた人々はたくさんいたでしょう。彼らはその地域の縄文人の直系の子孫の弥生人ということになります。人類学ではそれほど意識していませんが、従来縄文時代人として扱われていた人のなかには、弥生時代に縄文文化のなかで生活をしている人、と再定義される人がいることになります。人類学では縄文人という名称は、あまり厳密な意味で使われていません。そのあたりもデータを解釈するときには注意することが必要です。

## 現代人に受け継がれる縄文人のDNA

興味深いことに、現代日本人のミトコンドリアDNAには、関東・東北・北海道の縄文人で多数を占めるN9bが2%程度しか存在しません。また、7.5%存在するM7aも、関西以西のハプログループであるM7a1が大多数を占めており、東北・北海道のハプログループであるM7a2はごくわずかなのです。このことから、現代日本人に伝わる縄文人のDNAは主に西日本の縄文人に由来すると考えられます。一般には、縄文は関東以北の東日本を中心とした文化であり、縄文時代を通じて多くの人口を抱えていたのは東日本以北だと考えられていますから、私たちに伝わっている縄文人のDNAは関東以北のものが主体であると考えたくなりますが、DNA分析の結果は、現代につながる縄文のDNAは西日本のものが多数であることを示しています。

このことは、大陸から渡来した集団と在来の縄文人との混合の様子に原因があると考えると説明がつきそうです。弥生時代の開始期に大陸から渡来した集団が最初に混合したのは、北部九州の縄文人だったはずです。その後、この混合集団が稲作を持って東進し、在来集団を飲み込んでいったとすると、混合集団の中で縄文人の占める割合は最初がもっとも高かったことになります。そのことが結果的に西日本縄文人のDNAを現代に伝えることになったのだと考えられるのです。ここからは「我々は縄文人の遺伝子を受け継いでいる」という言い方も、あまりに現象を単純化しているということがわかります。もっともミトコンドリアDNAでは、母系の混合についてしかわかりませんから、このことはY染色体のDNAや核DNAの分析の結果も含めて考える必要があります。その結果については次に説明します。

## 縄文人のY染色体DNA

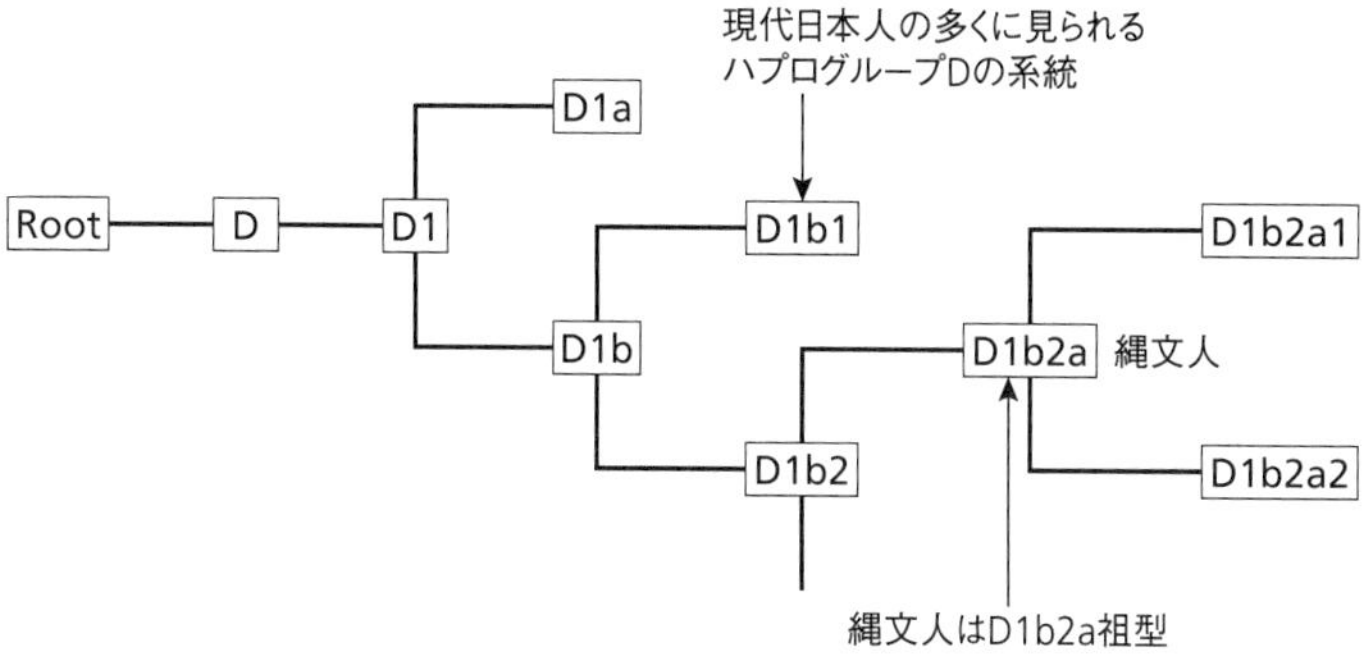


図6-8　縄文のY染色体ハプログループの系統図

Y染色のDNAは核ゲノムまで解析しないとわからないので、ハプログループの決定にはミトコンドリアDNAを分析する場合とは比較にならないほど手間がかかります。これまでの研究では、縄文人でそのハプログループが決定できたものは4体しかありません。またそのうちの2体はDNAの保存状態がそれほど良くなかったので、大まかなレベルでしかわかっていません。しかし4体ともすべてハプログループDに属することが判明しています。このハプログループは、前述したようにチベットとの近縁性が示唆される系統で、日本人では多いものの周辺の集団にほとんど見当たらないという特徴を持っていました。従って、このハプログループが縄文人の持つY染色体のDNAであることは不思議ではありません。ただし、細部までハプログループが解析できた関東と北海道の縄文人と、後に取り上げますが、東北地方の弥生時代の人骨でありながら、ゲノム解析では完全に縄文人の遺伝子を持っていることが明らかとなっている人骨の持つハプログループは、すべてD1b2aという系統で、現代日本人に多いＤ１ｂ１というハプログループではありませんでした。しかもこのＤ１ｂ２ａの祖型にあたるもので、厳密には現代人には存在しないタイプだったのです（図６－８）。

縄文時代からはすでに数千年が経過していますから、これが現代人の祖先型で、現代人にはないタイプであることは不思議ではないのですが、関東以北の縄文系集団からは現代人でも少数派のハプログループしか出現しないという状況は、先に説明したミトコンドリアＤＮＡのＭ７ａ系統と同じです。ミトコンドリアＤＮＡとＹ染色体のＤＮＡから見る限り、関東以北、特に東北と北海道の縄文人のＤＮＡは、私たちにあまり多く伝わっていないようです。

## 縄文人の核ゲノム解析

本書の冒頭で、核のゲノムまで解析するとその個体について何がわかるのかを、北海道の船泊遺跡から出土した縄文人を例に解説しました。ここではゲノム情報を使った集団比較について説明します。分析の手順としては、まず縄文人から抽出したＤＮＡを材料に、次世代シークエンサを使ってそのＤＮＡ配列をすべて読み取ります。ＤＮＡの状態が良いと、船泊の女性のように現代人と同じ精度でゲノムを決定できますが、さすがにそこまで状態の良いサンプルは滅多になく、たいていはゲノムの数％が解読できるだけです。しかし、そのなかにあるＳＮＰの情報を集めて、他の集団と比較することは可能です。

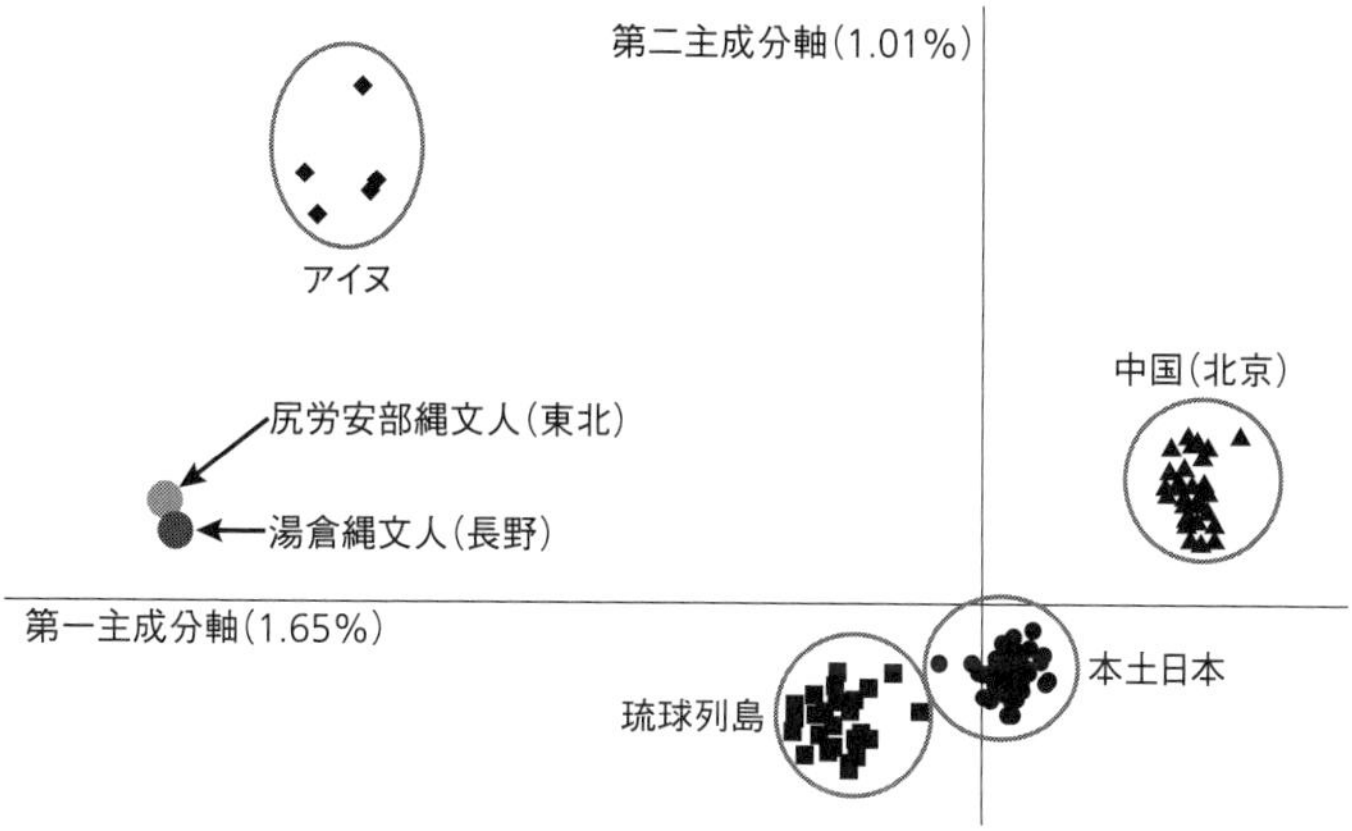


**図6-9　現代日本人と中国と縄文人2体のSNPを用いた主成分分析**
アイヌ、沖縄、本土日本と北京の漢民族に加えて縄文人SNP、5万6228カ所を使って計算した主成分分析の結果

図6－9は現代の日本人と、北京の漢民族と、2体の縄文人のSNPデータを用いて、集団の関係を図式化したものです。膨大なSNP情報を可視化するために「主成分分析」という方法を用いています。この方法は二次元に情報を集約するためにかなりの情報をそぎ落としてしまうのですが、集団間の関係について大まかな傾向を知ることはできるので、この分野の研究によく用いられています。先に紹介した現代日本人のゲノム解析でも使われていました。

縄文人は現代日本人や漢民族集団とは異なる遺伝子構成をしていることがわかるでしょう。これは縄文人の祖先集団が他の集団と非常に古い時代、恐らく東アジアにホモ・サピエンスが進出して間もない時期に分かれた可能性があることを示しています。

全ゲノムを解析した船泊の縄文人女性のデータ

を使って、アジアの現代人集団との類縁性を調べてみました。その結果、現代人の集団でこの縄文人とある程度の近縁性を示したのは、アイヌ、琉球、本土日本という日本列島の集団に加えて、朝鮮半島の人たちや台湾や沿海州やカムチャッカの先住民でした。一方、いわゆる漢民族との間に類縁性は認められませんでした。このことは、東南アジアから初期拡散によって北上した集団の中で沿岸地域に居住した集団が縄文人の母体になった、と考えると説明がつきそうです。初期拡散で東アジアの海岸線に沿って北上したグループが、台湾付近からカムチャッカ半島に至るまでの広い沿岸地域に定着し、その中から日本列島に進出する集団が現れたのでしょう。ミトコンドリアDNAのハプログループの成立年代からは、縄文人につながる人たちの日本列島への進出は、西から入ったM7aが3万～2万年前、北からはやや遅れてN9bが2万年前以降だったと推定されますので、この頃に日本列島に到達した人々が後の縄文人の母体になったと考えられます。縄文人の内部の変異は、南北に広がる沿岸の各地から日本列島に人々が流入したためと、列島内部の混合の様子がそれほど徹底したものではなかったためであると考えられます。

図6－12（181ページ）にこれまで分析した古代人と現代のアジア集団を併せた主成分分析の結果を示しました。これを見ると、現代日本人が、東アジアの集団の中で図のような位置を占めているのは、大陸集団、特に北東アジアの集団が列島に進入して在来の縄文系集団と混合したためであると解釈できます。つまり、私たち現代日本人の遺伝子の構成をアジアの集団から区別しているのは、縄文人の存在だということになります。一方、私たちのDNAに占める縄文

人の割合はそれほど大きくはありません。船泊の縄文人を使って計算すると10％程度になります。ただし、すでに説明したように、私たちにDNAを伝えているのは主に西日本の縄文人である可能性が高いですから、そちらを基準にすればもう少し大きな値になるのでしょう。Y染色体のDNAで縄文人由来と考えられるハプログループDを持つ男性が3割程度、ミトコンドリアDNAの場合は、M7aやN9b、D4b2などを合計すると全体に占める割合は2割程度にはなりそうですから、10％は少し低い値のように思えます。

昨今の縄文土器や土偶を展示した展覧会が多くの人々を集めているのを見ると、日本人のなかには縄文に郷愁を感じる人が多いということを実感します。その根底には、私たちの祖先でありながら失われてしまった人々への想いがあるのだと思いますが、実際に私たちにDNAの大部分を伝えているのは、次に説明する弥生時代になって日本にやってきた人々です。

## 多様な弥生人

前述したように、弥生時代は北部九州における稲作の開始によって定義されているのですが、列島全体が同時に、狩猟採集を中心とした縄文時代から弥生時代の農耕社会に移行したわけではありません。そしてこのことが、実体としての弥生人を捉えることを難しくしています。九州だけを見ても、これまでの形態学的な研究から、北部九州を中心とした渡来系弥生人、長崎県の沿

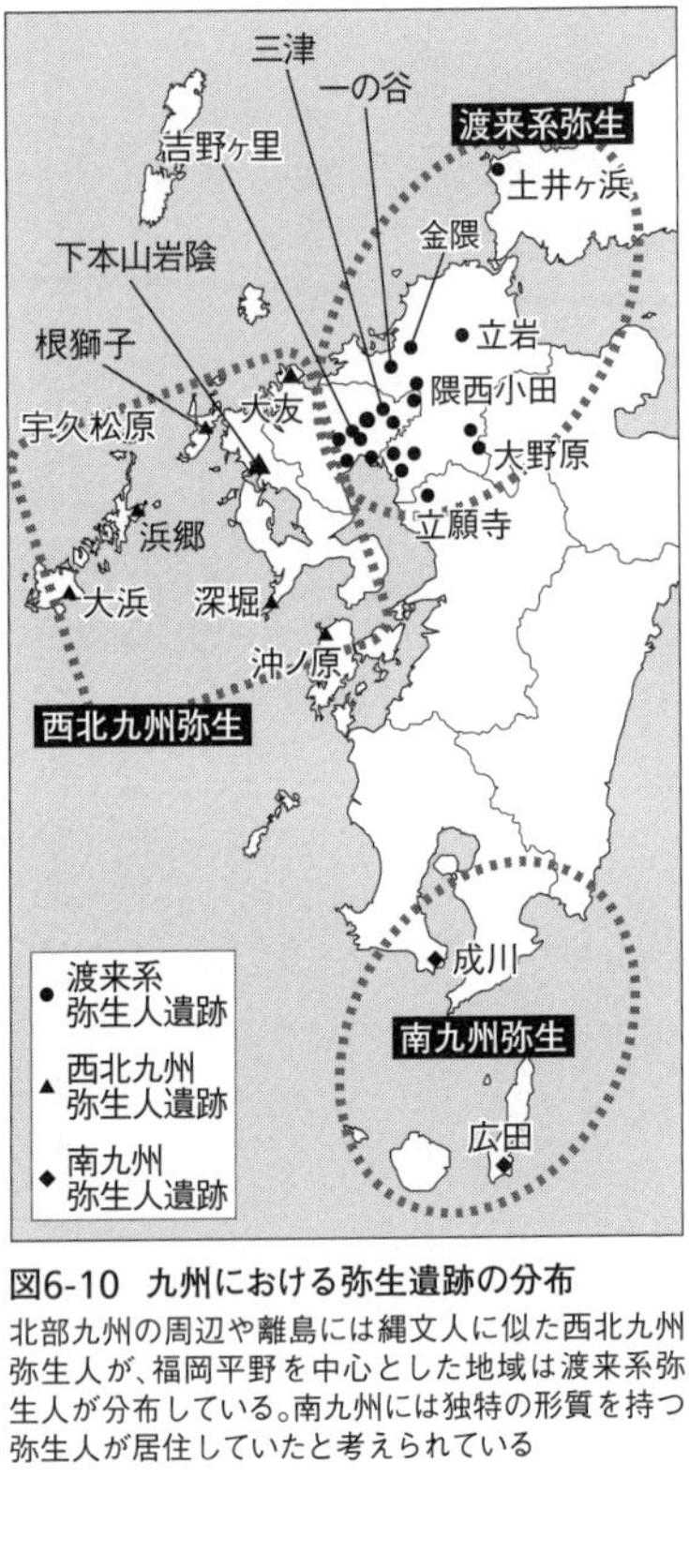


**図6-10 九州における弥生遺跡の分布**
北部九州の周辺や離島には縄文人に似た西北九州弥生人が、福岡平野を中心とした地域は渡来系弥生人が分布している。南九州には独特の形質を持つ弥生人が居住していたと考えられている

岸部や離島から出土する、縄文人の直系の子孫と考えられる「西北九州弥生人」、そして鹿児島の種子島《たねがしま》の広田遺跡などから出土した、特異な形質を持つ「南九州弥生人」が区別されています（図6－10）。

そのようなかで、福岡県や佐賀県などの北部九州地方を中心とした地域では、渡来系弥生人が遺体を甕棺《かめかん》という巨大な素焼きの甕に入れて埋葬する風習を持っていたために、人骨が消失せずに発見される可能性が高く、これまでに数千体の人骨が見つかっています（図6－11）。実際、日本中で発掘された弥生人骨の大部分はこの地域から出土したものなのです。

すでに説明しましたが、縄文人は上下に寸が詰まって幅が広く、眼窩《がんか》と呼ばれる眼球を入れる部分が四角い形をしています。そして眉間《みけん》や鼻骨の隆起が強くて全体的に立体的な顔立ちをしています。平均身長は男性で１５８センチ、女性で１４８センチ程度と低いのですが、西北九州の弥生人は、ほぼこのような姿形をしているので縄文人の系統の人々であると考えられています。このような弥生時代にあっても縄文人の形質を残した人骨は、北部九州の沿岸地域、平戸《ひらど》や五島《ごとう》列島の遺跡で発見されています。代表的な西北九州弥生人の遺跡は、佐賀県の玄界灘《げんかいなだ》に面した大友遺跡です。この遺跡では、支石墓と呼ばれる墓に人々が埋葬されているのですが、支石墓は同時期の朝鮮半島南部に多く見られるもので、北部九州と朝鮮半島の関係を示すものと考えられています。となるとこのお墓に埋葬された人たちは渡来系の弥生人だったと考えたくなるのですが、形態学的な研究からは、この遺跡に埋葬された人々は、在来の縄文人に似た人々なのです。

一方、北部九州の弥生人は平均身長で男女とも縄文人よりも5センチほど高くなります。また顔貌ものっぺりとした面長で、鼻根部は平坦です。縄文人とはかなり違った姿形をしているので、両者は由来を異にする集団だと考えられています。朝鮮半島や中国の江南地方から水田稲作をもたらした人たちだと考えられていますので、渡来系弥生人と称されています。

南九州の弥生人は、前述した種子島の広田遺跡から出

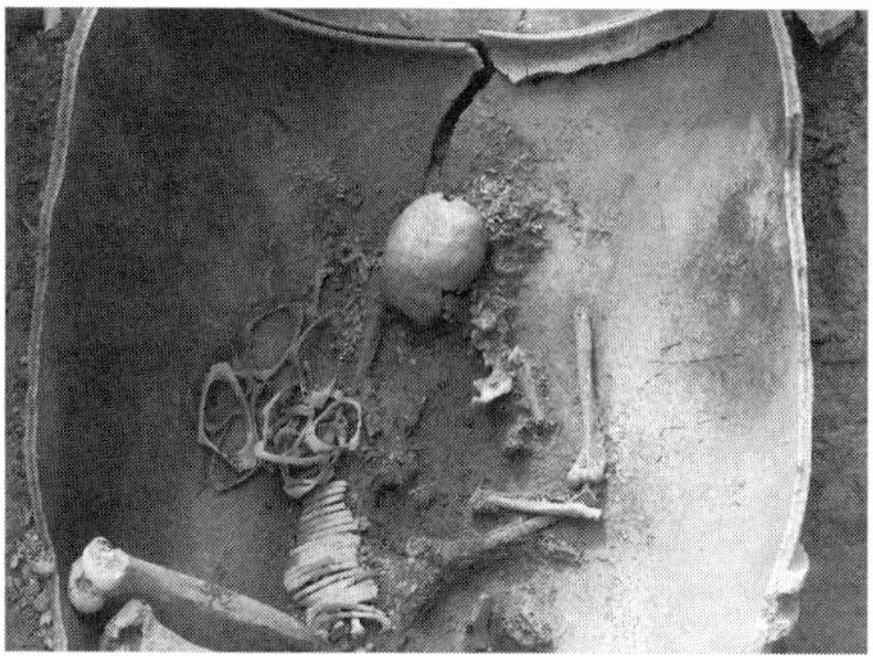

**図6-11 甕棺に入った弥生人の人骨**
貝輪を持ち、この地方の首長であったと考えられている
（提供：那珂川町教育委員会）

土したものが有名です。鼻根部とその周辺は縄文人的ですが、顔はさらに上下に短く、後頭部が扁平な特異な形状をしています。身長はさらに低くなり、男性で154センチ、女性では143センチほどだと言われています。九州では、同じ弥生時代にこの3つのタイプの弥生人が同居していたと考えられているのです。

弥生時代が、日本列島の基層集団である縄文人の世界に、大陸由来の集団が流入する時代であったことを考えると、この時期が日本列島においてもっとも遺伝的に多様な集団が分散して居住していた時期だということになります。形質の多様性はそれを反映したものなのでしょう。しかし、弥生人のゲノム解析が行われるようになると、この図式はいささか単純過ぎることもわかってきました。

## 弥生人のDNA

渡来系弥生人で最初に核のゲノム解析ができたのは、福岡県那珂川市の安徳台《あんとくだい》遺跡に埋葬されていた女性の人骨です。この遺跡は弥生時代中期後半のもので、10基の甕棺が確認されています。なかには43個もの貝輪をともなう人物（前掲図6-11）も埋葬されており、首長の墓であると考えられています。人骨の形態学的な調査をした中橋孝博さんによると、北部九州の渡来系弥生人の特徴を備えているということでした。残念ながら人骨の残りは状態があまりよくなく、現段階でミ

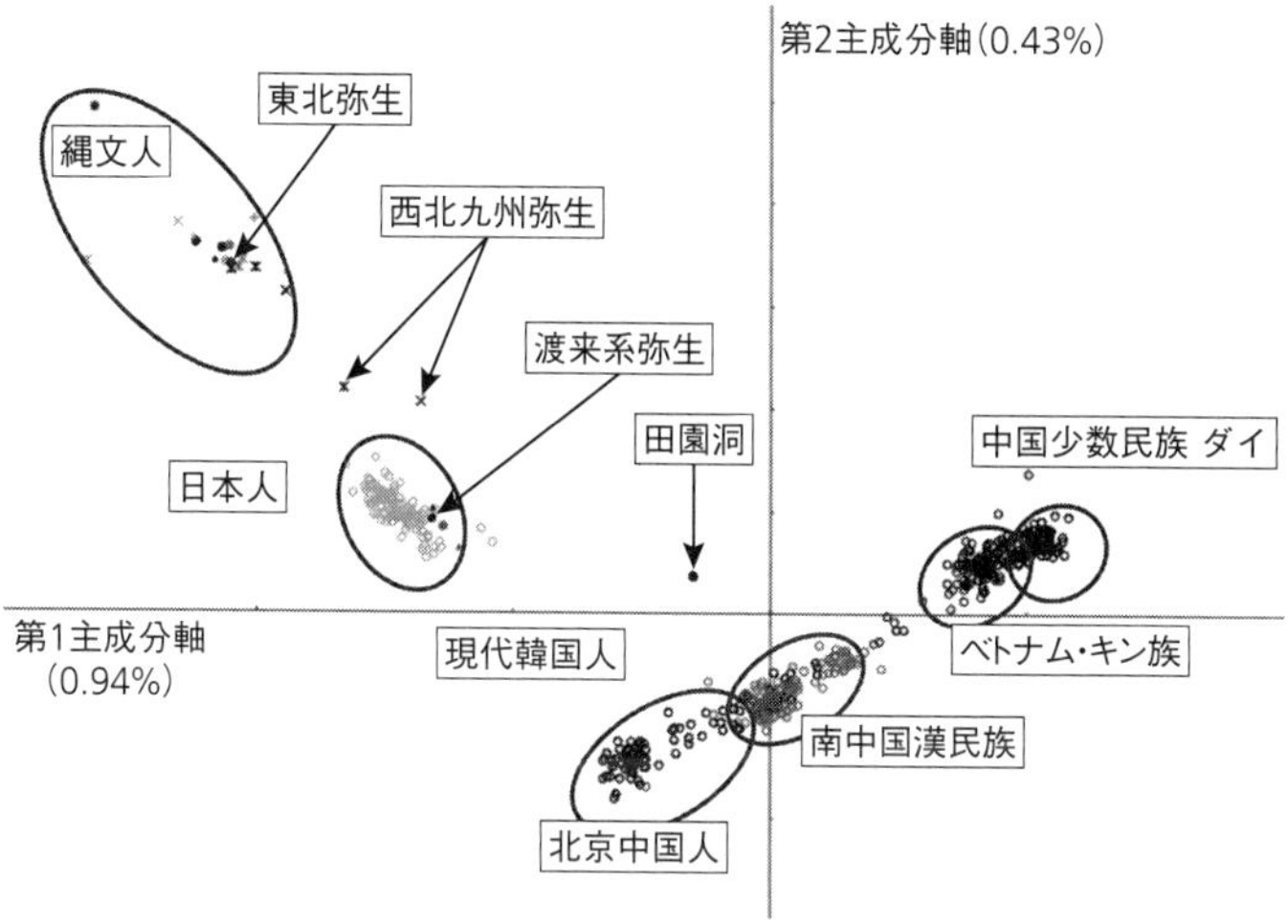


**図6-12 東アジアの現代人と縄文人、弥生人を含めた主成分分析の結果**

トコンドリアDNAのハプログループが決定できているのは3体ですが、その内訳は、B5a、D4e、D4gで、いずれも縄文人からは検出されたことのないタイプでした。

核ゲノムの解析に成功した女性は典型的な渡来系弥生人と考えられたので、彼女の持つ核ゲノムは、渡来人の源郷と考えられる朝鮮半島や中国と類似すると考えられました。しかし、そのSNPデータを元に縄文人や現代の東アジアの集団と共に主成分分析を行ってみると、予想に反してその遺伝的な特徴は現代日本人の範疇に収まるもので、むしろその中でも縄文人にやや近い位置を占めていることがわかりました(図6-12)。

図を眺めてみましょう。下から斜め右上の方向に向かって、現代の大陸の集団が北から南に向かって並んでいます。これは東南アジアから東アジアの集団が互いに関係を持ちながらも、ある程度遺伝的に分化している様子を示していま す。図中にある田園洞というのは北京の周口店遺跡近くで発見された、約4万年前のものとされる人骨のDNAです。第5章でミトコンドリアDNAのハプログループBを持っていることを紹介しました。この個体は現代の大陸集団とは少し離れたところに位置しています。1例の結果なので確実なことは言えませんが、この位置は、大陸集団もその後の歴史のなかで遺伝的な分化を遂げていったことを示しているのかもしれません。一方、現代日本人はこの大陸集団から離れた部分に位置しているのがわかると思います。これも利用できるデータが1例しかないのですが、北京の中国人と現代日本人の中間には韓国人が位置しています。そして、その反対側のはるか離れた場所に縄文人が位置しています。

縄文人のなかにもかなりの変異があります。これは縄文人の間に遺伝的な違いがあるとも解釈できますが、解析したSNPの数が個体によって異なっていることにも原因があります。そのなかで安徳台の渡来系弥生人は、現代日本人の範疇に入っていることがわかります。

今のところ核ゲノムの解析までたどり着いている渡来系弥生人は、この1体だけなのですが、安徳台遺跡の中心部に、豪華な副葬品を持った男性に寄り添うように配置された甕棺に埋葬されている人物ですから、典型的な渡来系弥生人と考えてよいと思います。

渡来系弥生人という言葉から私たちがイメージするのは、大陸の集団、特に朝鮮半島の現代人と同じ遺伝的な構成をしている人々です。しかし主成分分析の結果は、彼らもかなり在来の縄文人と混血が進んでいたということを示しています。安徳台遺跡は弥生時代中期のものなので、弥生時代の開始期からはかなりの年月が経っており、彼らも日本列島ですでに数百年間生活していた集団です。むしろこれまで渡来系弥生人というと、朝鮮半島集団の遺伝的な要素が非常に強い人々という捉え方をしていましたが、その方が不自然なのでしょう。渡来系弥生人も日本で誕生した人々と捉えるべきなのです。混血説を唱えた金関丈夫も、渡来系弥生人は在来集団と混血した集団だと考えていました。ただし、骨の形態からはどの程度混血していたのかを正確に知ることができないので、その程度を評価できていませんでした。

一方で、この事実は日本人の形成について新たなシナリオが必要なことを示唆しています。なぜなら、この集団が東進して在来の縄文集団を吸収していったとすれば、さらに縄文人の遺伝子を取り込むことになるからです。渡来系弥生人との混血だけで、現代日本人が形成されたとすると、渡来系弥生人が現代日本人と大陸集団の間に位置しないと、現代日本人の遺伝的な特徴を説明できません。

人類学者はこれまで大陸からの渡来を弥生時代に限定して考える傾向がありましたが、考古学の分野では古墳時代にも渡来があったことを予想しています。これまでの人類学の研究では資料的な制約もあって、弥生時代以降の大陸からの渡来について、その実体を知ることができませんでした。しかし、核ゲノムの解析で弥生以降の時代の渡来の事実が予想されたことで、今後の現代日本人の形成のシナリオは、弥生〜古墳時代における大陸からの集団の影響を考慮する必要があることがわかりました。単純な二重構造は、本土日本でも成り立たないのです。

また、そう仮定すると、現代日本人につながる集団が完成するのは、次の古墳時代ということになります。実際に、私たちの予備的な研究では、古墳時代になると関東の集団の遺伝的な構成が大きく変わることが示されています。この時代に本土日本で、現代人につながる集団が完成に向かったことになるのです。古墳時代人骨のＤＮＡ分析は新たな日本人形成のシナリオを生むことになるでしょう。

西北九州の弥生人についても、私たちのグループがゲノムの解析を行っています。解析したのは佐世保市の下本山岩陰《しももとやまいわかげ》遺跡から出土した、弥生時代後期の合葬された男女２体の人骨です。共に縄文人に共通する形質を備えていたのですが、骨形態を調査した海部《かいふ》陽介さんによれば、男性人骨は顔の高さと幅のプロポーションがやや渡来系弥生人に近いということです。ミトコンドリアＤＮＡの研究から女性は縄文系のハプログループであるＭ７ａ、男性は渡来系と考えられるＤ４ａを持っていました。この２人が同じ石棺に埋葬されていたのは示唆的です。この分析結果から、西北九州弥生人も渡来系集団との混血が想定されたのですが、前掲図６－12に示すように核ゲノムの解析までしてみると、その遺伝的な特徴は縄文人と現代日本人の中間に位置することが判明したのです。形態からは縄文系と考えられる個体も、ゲノムは両者のほぼ均等な混合を示したことになります。

ＤＮＡ研究は、形態学的な研究からは捉えることの難しい混血の程度まで明らかにすることができます。それによって得られた結論からは、九州における集団の違いも、それぞれの間の交流を伴った結果であることが示唆されました。弥生時代の開始期の人骨はほとんど出土しておらず、それぞれのルーツとなる集団の特徴を捉えることはできていませんが、九州では弥生時代を通じて在来集団と渡来集団の混血が進んだことが予想されます。形態に見られる違いは、それが解消される過程を固定的に捉えていたのです。

なお、南九州の集団に関してはまだゲノムデータが得られておらず、遺伝的な実態を明らかにすることができていません。ただし、同様の形態を持つ人骨が沖縄のほぼ同時代の遺跡からも見つかっているので、南九州から琉球列島にかけては、この地域に特有の形質を持った在来系の集団が分布していた可能性があります。日本列島集団の特徴を明らかにするためには、この集団の遺伝的な特徴も明らかにする必要があり、今後の課題となっています。

関東以北では、この時代には縄文系の人々が暮らしていたと考えられます。縄文人のY染色体DNAのところで話をしましたが、弥生時代の1体のゲノム解析を行い、そのデータも前掲図6−12にプロットしました。図を見れば明らかなように、この個体のゲノムは完全に縄文の範疇に入るものでした。このように見ていくと、弥生人というのは、弥生時代に日本列島に居住した集団に対する総称であって、集団として均一な実態があるわけではないことがはっきりします。多くの場合、弥生人という言葉を用いる際には、渡来系の人々を指して用いることが多いと思われますが、それも安徳台遺跡の分析が証明するように、典型的な渡来系集団もすでに混血のプロセスを経たものでした。この集団も時間軸に沿って混血の度合いが増していったはずなので、弥生時代の初期と末期では遺伝的な特徴は異なっているでしょう。そう考えると、渡来系弥生人すらも実体を捉えることは難しいことがわかります。弥生人に関しては、時間と地域の幅を広げて分析個体数を増やしていく努力が必要になります。研究は始まったばかりで、まだ確定的なことは述べられませんが、数年後にはその最初のシナリオを提示できると思います。

弥生時代の集団の形成を考えるときに重要なのは、日本の稲作農耕民の起源の地であると考えられている朝鮮半島の状況です。SNPを用いた主成分分析の図（前掲図6－12）で興味深いのは、韓国の現代人がちょうど、日本と北京の中国人の中間に位置していることです。これは朝鮮半島集団の基層にも、縄文につながる人たちの遺伝子があることを意味しています。縄文人が朝鮮半島にまで分布していたと考えることもできますが、初期拡散で大陸沿岸を北上したグループの遺伝子が朝鮮半島にも残っていたと考えることもできます。最近では韓国でも古代ＤＮＡ分析が始まっているようですので、縄文相当期の韓国の古代ゲノムが明らかになれば、両者を直接比較することでこの問題を解決することができるでしょう。

稲作を持った集団が朝鮮半島から北部九州に到達したことを契機に、日本列島集団の遺伝的な構成は大きく変化することになりましたが、そのＤＮＡの流れは実際には稲作の源郷の地である中国江南地域から出発したと考えられます。集団の移動は、当時の朝鮮半島集団の遺伝子にも影響を与えるものだったのでしょう。日本列島よりも強い影響を受けたことで、当時の朝鮮半島集団の遺伝的な性格が、日本列島集団よりも大陸集団に近づいたのだと考えられます。弥生時代の開始期について考える際には、日本と朝鮮半島に限局した議論が行われることが多いですが、遺伝子の構成は実際には、東アジアにおける農耕民の拡散と移動という視点から捉える必要があることを教えています。

本書では日本人の起源を説明するために、日本列島における集団の遺伝的な変遷を説明してきました。しかし、現代日本人にもっとも多くの遺伝子を伝えているのは大陸から弥生時代以降に渡来してきた人々なのですから、「日本人」の起源は、大陸での稲作農耕民の成立から説き起こすことも可能です。むしろその方が妥当なのかもしれません。その集団がユーラシア大陸のどこで生まれ、どのような拡散の道筋をたどって日本列島に到達したのか、というストーリーが、多くの日本人の成り立ちの物語となります。そうなると私たちの起源の物語は、その大部分が揚子江の周辺や朝鮮半島で展開することになります。これには違和感を覚える人も多いと思いますが、ヨーロッパ人の成立をゲノムで追求する論文などを読むと、在来の狩猟採集民ではなく、後に進出した農耕民を主体として記述が行われていることに気がつきます。結果的に狩猟採集民は数で圧倒されてしまうので、主体を多数派に置いた記載はむしろ当然なのでしょう。私たちが日本人の成り立ちを考えるときに、このような考え方をしないのはなぜなのか、古代と言えば縄文時代を真っ先に思い出し、私たちは弥生時代以降に入ってきた人たちの子孫です、と言われたときの残念な気持ちを持つ人が多いことが何に由来するのか、改めて考えてみても面白いかもしれません。

## 縄文人と弥生人の混合のシナリオ

先にも説明しましたが、弥生時代は北部九州地域で在来の縄文人との混血が始まり、遺伝的に分化していた集団が均一化に向かう時期でした。そこで誕生した本土の現代日本人の祖先集団は、やがて水田稲作の拡大とともに東進を開始し、在来集団を巻き込みながら東北地方まで進んでいくことになったと考えられます。そのため現代日本人には関西以西の縄文人のDNAがより高い頻度で伝わっている可能性が高いことが予想されるということを指摘しました。このシナリオを元にして、これまでに判明している縄文人のミトコンドリアDNAハプログループの東西の頻度の違いと、本土の現代日本人のハプログループ頻度データを使うことで、東北に到達した段階でどのくらいの人口比があると両者の混合で現代の本土日本人の比率になるか、を推測することができます。

詳しい説明は省きますが、九州歯科大学の飯塚勝《まさる》さんと奈良女子大学の富崎松代《とみさきまつよ》さんにお願いして、モデルに基づくシミュレーションをしてもらいました。西日本縄文人のデータが少ないので、あくまでも現時点で利用できるデータからの類推に過ぎないのですが、人口増加率などのいくつかの仮定をおいて計算すると、西日本系の混合集団が東北の縄文系集団に出会ったとき、数十倍の人口をもって混合が行われたと仮定すると、現代人のハプログループの値になることが示されました。恐らく狩猟採集民である縄文人は、数十人の規模の集落で暮らしていたと考えられるので、そこに流入する稲作農耕民は数百〜1000人程度ということになります。列島の内部では、この程度の人口規模の異なる集団が出会い、やがて縄文系の人々が農耕集団に吸収されていったというシナリオが見えてきました。

ただし、このシミュレーションは混合の最初と最後の段階を見ているだけなので、途中の地域がどうであったのか、弥生以降の大陸集団の流入をどう見積もるか、などの検討はできていません。事実、北部九州で始まった稲作は近畿地方には紀元前7世紀に到達しますが、関東には紀元前3世紀にならないと現れません。一方、東北には紀元前4世紀に出現するので、関東よりも早いのです。稲作の東進のルートも単純なものではなかったようなので、信頼性のあるモデルを作るためには、さらにデータが必要です。

私たちの研究グループが最近手がけている、鳥取県の青谷上寺地《あおやかみじち》遺跡から出土した人骨のミトコンドリアDNAハプログループは、遺跡が弥生の後期のものであること、北部九州からは離れた山陰地方にあることなどから、縄文系のハプログループをかなり含んでいると予想していたのですが、解析してみると、ほとんどが弥生時代になって日本列島にもたらされた系統であることが明らかになりました。どうも渡来系弥生人集団の東進もそれほど単純なシナリオに沿ったものではなかったようです。しかし、各地の縄文人と弥生人のDNAデータが揃ってくると、さらに精度の高い予測も可能になるでしょう。このシミュレーションから導かれた集団移動のシナリオを考古学的な証拠とあわせて考えることで、新たな日本人形成のプロセスが見えてくるはずです。

かつては形態の類似度から、弥生時代以降に大陸からの大規模な渡来を予測した研究もありました。その根拠は、縄文人と渡来系弥生人の形質を比較すると、圧倒的に渡来系弥生人の方が現代日本人に似ていることにありました。これに対して考古学の研究者から強い批判が出ました。北部九州の弥生早期の遺跡から出土する朝鮮半島系の土器は、全体の1割程度だと言われており、しかもそれらが出土するのは玄界灘に面した大きな遺跡からだけで、大部分の弥生早期の遺跡には朝鮮系の土器はないのです。これらの事実から、考古学者は弥生時代早期の渡来人の数を、全体の1割程度と見積もっていました。基本的には多数を占める縄文人の血を引く在来系の住民が、水田稲作農耕と金属器という大陸の文化を受け入れたと考えていたのです。

しかしその後、中橋孝博さんと飯塚勝さんによる人口のシミュレーション研究によって、農耕民である弥生人の人口の増加率が、狩猟採集民である縄文人よりも高いことを仮定すれば、最初の渡来者が少数でも数百年で在来系の集団を数の上で凌駕することが示されました。世界中の先住民社会の研究で、一般に狩猟採集民よりも農耕を受け入れた集団の方が、人口の増加率が高いことが示されているので、この仮定には充分な根拠があります。

さらに、弥生時代の開始期が従来の説よりも500年ほどさかのぼることになったことで、渡来系弥生人の人口増加率をさらに低く見積もっても、狩猟採集集団の人口を上回ることになりました。中橋、飯塚の研究によって、多量の渡来人の流入を仮定しなくても、これまで発見された弥生時代前期後半以降の1万基以上の甕棺のなかに残された人骨が、おしなべて渡来系弥生人の形質をしていることを説明できることが示されたのです。しかし、実際の混合の状況はＤＮＡデータを使わないと、精度の高い予想はできません。この分野の研究は、今後どれだけ質の高いＤＮＡデータを集積できるかにかかっています。

## 歴史時代の日本人

歴史資料の研究から、日本列島には弥生時代の開始期から古墳時代まで、朝鮮半島からの渡来者が続いたことが知られています。先に説明したように、縄文と弥生のゲノム研究からも、現代日本人には古墳時代以降の大陸からの渡来の可能性を考える必要性があることが指摘されました。これまで自然人類学の分野では、日本人の起源を考える際に、縄文と弥生の違いだけを問題にしてきましたが、今後は、弥生の始まりから古墳時代までの、１０００年以上にわたるスパンでの集団の混合について考える必要があります。しかし、弥生時代の終末期から古代律令制の始まる7世紀までの古人骨のＤＮＡ分析もほとんど行われていないので、ＤＮＡの情報からも集団の成立に関するシナリオを描くことはできていません。

これまでに私の研究室でＤＮＡ分析を手がけた古墳時代の遺跡は3カ所あります。そのうちの1カ所は福岡県のものですが、他は東京都の日野《ひの》市と三鷹《みたか》市の横穴墓群で、造営年代は、出土遺物から7世紀と考えられています。関東地方における縄文系と弥生系の集団の混合の様子を知るために、ここでは東京の遺跡の分析結果を紹介することにします。内訳はミトコンドリアDNAのハプログループで、D４aとD４bが各1体、D４jが2体、M７aが3体、残りはハプログループAとCでした。渡来系弥生人を代表すると考えられるD４系統と、縄文系のM７a１が双方の遺跡から見つかっています。このことは、7世紀の関東地方には渡来系弥生人の遺伝的な影響が強く伝わっているわけではなく、在来の縄文系の人々も一定程度存在するということを示しているようにも見えます。ただし、三鷹の遺跡の予備的なゲノム解析の結果は、彼らが現代日本人の範疇に入っていることを示しているので、この遺跡に関しては、すでに現代日本人に近い遺伝的な特徴を持っていることになります。

全国的に見て古墳時代の人骨のDNA解析はほとんど行われていませんから、今後は地域を広げて、この時代の日本に何が起こったのかを明らかにしていく必要があります。DNAデータが揃ってくれば、日本列島でこの時代に何が起こったのかが明らかになるでしょう。それは私たちの成り立ちを知る鍵になることは間違いありません。

平安時代には火葬の習慣が広がったために、全国的に人骨の出土例は少なくなり、人類学的な研究がほとんどできていません。しかし、鎌倉時代の遺跡からは多くの土葬された人骨が発掘されています。これまで鎌倉時代に関しては、鎌倉市と茨城県東海村《とうかいむら》の遺跡から合わせて78個体分のミトコンドリアDNAハプログループが報告されています。その頻度を計算して、現代日本人と比較したのが図6-13になります。中世人で一番多いハプログループはD４とD５で、全体の

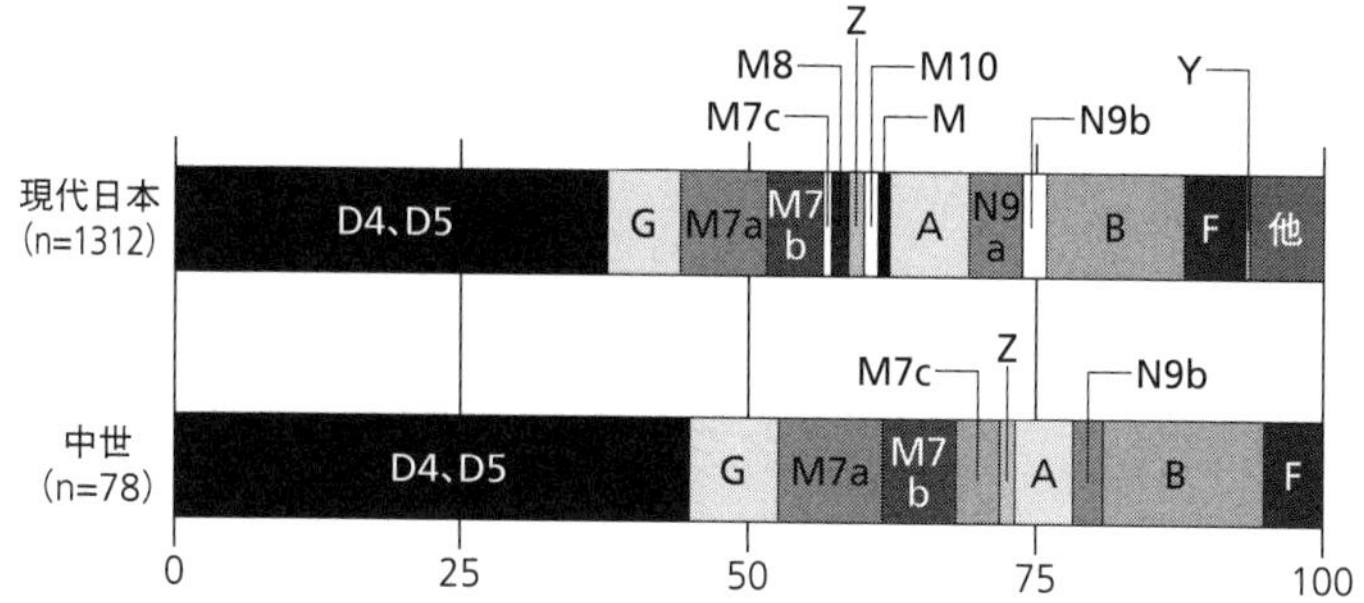


**図6-13　現代日本人と中世人のミトコンドリアDNAハプログループの比較**

45％を占め、現代の本土日本人の38％よりやや高くなっています。次に多いのはハプログループBで全体の14％です。これは現代の本土日本人とほぼ同じ値で、ハプログループDの次にBが多いという順序も同じでした。核ゲノムの分析を行っていないので、確定的なことは言えませんが、この結果からは中世人のハプログループ構成は、ほぼ現代の本土日本人と同じであることが示唆されます。

以上を概観すると、本土日本に限って言えば、日本人の遺伝的な構成に関しては古墳時代までが変動の時代だということになるのでしょう。そこまでの遺伝的な変遷を描き出すことができれば、本土日本人の成立のシナリオはほぼ完成することになります。

最後に、このような日本列島集団の形成史を見ていくときに、改めて私たちが陥りやすい問題点を指摘して、この章の結びにしたいと思います。それは、今の私たちが終着点ではないということです。当然ながら、私たちも歴史の一地点にいるのであり、日本列島にはこれからも人の営みが続きます。現在はゴールではなく、歴史の一ページと位置づけられるもので、過去を振り返るのは未来を考えるためだ、という視点を持ち続けることが重要なのです。

## 第7章
# 南北の日本列島集団の成り立ち

### 多民族集団としての日本列島の歴史

縄文人と渡来系弥生人に見られる明らかなゲノムの違いは、両者が系統を異にする集団であることを示しています。共に独自のポピュレーション・ヒストリーを持っていたと考えられるのですが、このことと現代日本人の遺伝的な特徴をあわせて考えれば、現代の日本列島集団が在来系の縄文人と渡来系の集団との混血によって成立したという二重構造説は、おおむね正しいことがわかります。しかしこれまでの説明でもおわかりのように、この説が成り立つのはあくまで本土日本の集団です。

図7－1は、日本の歴史区分を本土、沖縄、北海道を並列して示したものです。それぞれの地域は異なった歴史を持っていることがおわかりでしょう。本州・四国・九州を中心とした本土日

|  |  |
|---|---|
| 先島 | 先島先史時代 下田原文化（4300〜3500年前）／グスク時代（古琉球）／近世琉球／明治以降 |
| 沖縄本島 | 旧石器時代／貝塚時代（前期）（後期）／グスク時代（古琉球）／近世琉球／明治以降 |
| 本土日本 | 旧石器時代／縄文時代／弥生時代／古墳時代／飛鳥・奈良・平安時代／鎌倉時代／室町〜戦国時代／江戸時代／明治以降 |
| 北海道 | 旧石器時代／縄文時代／続縄文時代／擦文時代（オホーツク文化）／アイヌ時代／明治以降 |

1万6000年前　3000年前　1400年前　800年前　10世紀　17世紀　150年前

**図7-1　南西諸島、本土日本、北海道の文化年表**

本の集団の形成に大きな影響を与えたのは、前章で解説したように、縄文社会へ渡来人が進入したことでした。そこで本章では、南西諸島（奄美と沖縄）と北海道の集団の変遷を、DNAデータで振り返ってみることにします。なお、本書ではこれまできちんと説明せずに「本土日本人」という言葉を使ってきましたが、これは自然人類学の分野では普通に使われる用語で、アイヌと沖縄の人たちを除いた、主として本州、四国、九州に住む日本人を指しています。アイヌの人たちはみずからが独自の民族であることを認識していますし、沖縄も琉球王朝に代表されるように、本土の日本とは異なった歴史を持っています。また形質人類学や民俗学、文化人類学の研究も彼らを本土の日本人と区別するさまざまな証拠を持っています。ですから、日本は複数の異なる集団から構成される多民族集合体であるということになります。民族という概念は自然人類学のものではありませんし、まして民族はDNAで区別できるものではありませんから、日本の現状をDNA研究から表わすのに

「多民族集団」などという言葉は使いたくはないのですが、他に適当な言葉がないのでここではそのように表現することにしました。

## 旧石器時代の琉球列島集団

今のところ、私たちの祖先である新人が日本に現れたのは、４万年ほど前だと考えられています。その直接の証拠となる旧石器人骨として今まで報告されていたものの多くは、新たな年代測定の再検査によってその候補から外されてしまいました。しかしサンゴ礁が造った琉球石灰岩が広く分布する南西諸島では洞窟遺跡が発達し、これまでにも例外的に数多くの旧石器時代人骨が発見されています。今から1万８０００年ほど前のものとされる港川人骨は、全身の骨格のそろっている日本で最古の人骨として有名でした。さらに、最近、新石垣空港の開設に伴う発掘調査で発見された、石垣島の白保《しらほ》竿根《さおね》田原《たばる》洞穴遺跡では、２０１０年度の最初の発掘調査以降２０１６年度の最終調査に至るまでに、１１００点以上もの人骨片が出土しています。炭素14年代法による年代測定の結果、もっとも古いものは2万年を超えたものもあることがわかっています。出土した人骨の主体は縄文時代以前の後期旧石器時代のものであると考えられており、この時代の遺跡としては国内外を見わたしても前例のない規模を誇るものとなりました。完全な頭骨も4体発見されており、骨形態を元にした復顔も行われています（図7－2）。また、沖縄本島のサキタリ

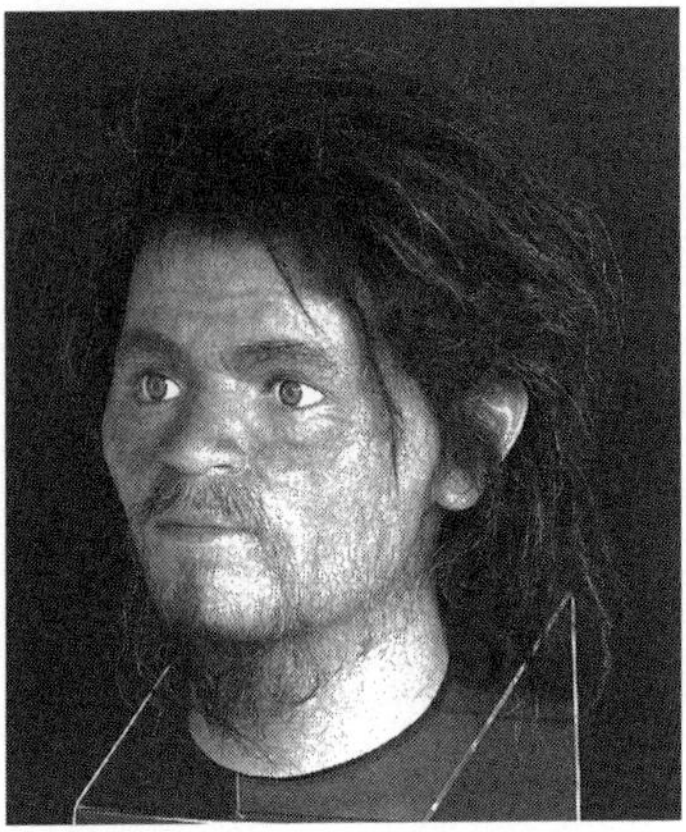

**図7-2　白保竿根田原洞穴遺跡から出土した旧石器時代人（4号人骨）の復顔像**

洞は現在も発掘が継続中であり、旧石器時代から、本土の縄文時代に相当する貝塚時代にかけての連続した遺物が出土しています。

白保竿根田原洞穴遺跡から出土した旧石器時代の人骨に関してはミトコンドリアDNAの分析が行われましたが、彼らの由来について確定的な情報を得るには至っていません。分析できた2体が持つミトコンドリアDNAは東南アジアにつながる系統であることが示唆されているので、琉球列島に最初に登場するのは南からの進入者だということになるのですが、残念ながら現状でデータが得られた個体数と精度は、南西諸島の旧石器時代人の遺伝的な特徴を明らかにするには十分ではありません。さらに分析を進める必要があります。幸いなことに、琉球列島に関しては近年、旧石器時代人骨の発見が相次いでいますので、近い将来、彼らの由来についてDNA分析が結論を出せるのではないかと考えられます。

沖縄の先史時代を研究している鹿児島大学の高宮広土《ひろと》さんは、狩猟採集生活者が琉球列島のような大きさの島に永住することの困難さを指摘しています。この程度の大きさの島だと、狩猟採集によって得られる食糧資源ではヒトが永続的に子孫を増やしていくだけの量をまかなえないと考えているのです。実は、世界中の多くの島々でも事情は同じで、農耕を持ち込むことによって初めて定住が可能になったと言われています。南太平洋の島々に最初に移住したのが、中国南部に起源を持つ農耕民だったということも同じ理由によるものです。

白保や港川人をはじめとする沖縄の旧石器時代人は、新天地を求めて琉球列島に到達したものの、結局は永続的に子孫を残すことができずに滅亡した人々だったのかもしれません。貝塚時代に定住に成功した人たちも、基本的には狩猟採集民でしたが、彼らはサンゴ礁に棲息する魚介類などを食糧にしていたことがわかっています。彼らは、小さな島の資源を最大限に利用することによって、定住を可能にした人々だったようです。

## 沖縄の縄文人(貝塚前期)のDNA

南西諸島では、本土日本の縄文時代に相当する時期を貝塚時代前期と呼んでいます。現状ではこの時代の人骨でDNA分析の結果が報告されているものはほとんどありませんが、私たちの研究グループは2008年に、沖縄本島本部《もとぶ》半島の北西にある伊江島《いえじま》から発見された貝塚時代前期(2600年ほど前)の2体の男性と1体の女性人骨について分析を行っています。この3体の持つミトコンドリアDNAを次世代シークエンサを用いて詳細に解析したところ、2体の男性のミトコンドリアDNA配列が完全に一致し、この2人は兄弟かあるいは非常に近い母系の親戚であることが予想されました。一方、女性は異なる配列を持っていたのですが、興味深いことにこの3人のハプログループは、いずれも西日本の縄文人を代表するハプログループであるM7a1でした。

この時代は、北部九州ではすでに大陸から渡来した人々の社会が成立しており、現代日本人に見られる多様なハプログループが存在していたと考えられます。さらに、在来の縄文集団と渡来系弥生人の混血と考えられる西北九州の弥生人からも、同じM7a1ハプログループが見つかっています。この時期には、琉球列島と北部九州の間には「貝の道」と呼ばれる交易路があり、ゴホウラガイやイモガイなどの貝輪などの材料が沖縄から北部九州に運ばれていました。それを担ったのは西北九州の弥生人だと考える研究者もおり、両者の共通性は、この交易路が人の移動にも使われていたことを思わせます。特に、伊江島の女性人骨は貝輪をして石棺に埋葬されていました。このような埋葬様式は沖縄では極めて稀で、北部九州とのつながりを感じさせます。今後、琉球列島における貝塚前期の解析例が増えていけば、この時代の九州との関係やあるいは台湾などの南方集団との関係も見えてくるでしょう。

## 弥生時代からグスク時代までの沖縄

貝塚時代は本土日本で弥生時代が始まっても続き、貝塚後期あるいは弥生平安並行期と呼ばれるようになります。この時代は12世紀頃、グスクと呼ばれる城が造られる頃に終わりますが、貝塚後期以降になると急激に遺跡の数が増えることが知られています（図7－3）。琉球列島ではこの時代に人口の増加が始まるのです。そして、グスク時代になって沖縄では本格的な農耕が始まり、人口はさらに増加したと考えられています。また、貝塚後期には沖縄諸島と先島諸島は異なる文化圏に属していたと考えられているのですが、グスクの時代になると琉球列島全体が同じ文化圏に統合され、中国の南部沿岸地域との交流も始まります。

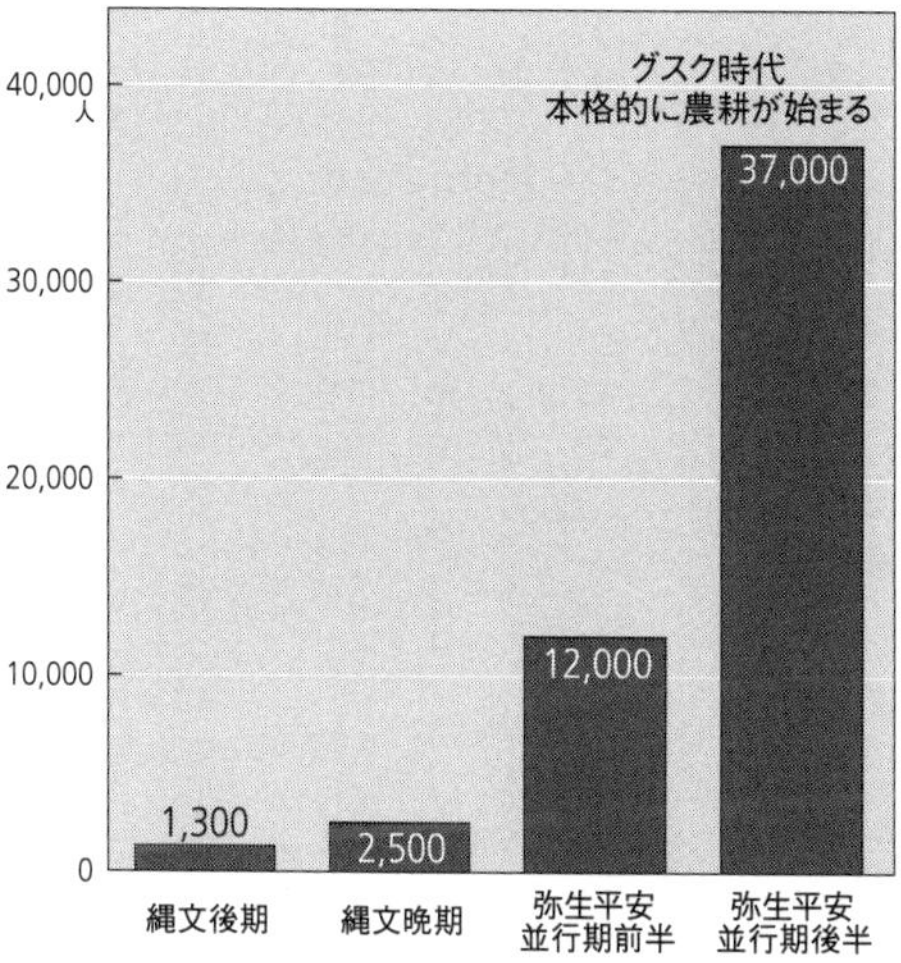


**図7-3　沖縄の人口増加**（友寄1969を改変）

沖縄の人骨を研究している元琉球大学の土肥《どい》直美さんによると、貝塚後期に出土する人骨とグスク時代のそれは形態が異なっており、グスク時代のものには日本の本土集団との類縁性が認められるそうです。一方、貝塚人は極端に背が低く、顔つきも本土の縄文人とは異なっていたということです。ただし、沖縄は旧石器時代人骨こそ比較的多く出土していますが、一般に人骨の残りは悪く、これまで研究に用いられた人骨の数はそれほど多くありません。その結論を確かなものにするためには、まだまだ新たな発掘と人骨試料の蓄積が必要なようです。

ただし貝塚後期になると、南西諸島の内部でもいくつかの遺跡からまとまった人骨が出土しており、それ以前の時代に比べればDNAデータを使った考察が可能になっています。今のところミトコンドリアDNAのデータしか得られていませんが、これまで分析が終了した個体の大部分はハプログループM7aを持っていたことがわかっており、この時代にも依然として貝塚前期人の子孫である人々が主流を占めていたことが予想されます。ただし、それ以外のD4やA4などの現代の沖縄で多数を占めるハプログループも見いだされています。現時点では解析された人骨の正確な年代がわかっていないので、貝塚後期における遺伝的な変化がどのように進行したのかを明らかにすることはできていませんが、この結果から、グスク時代以降の現代に続く沖縄集団の遺伝的な構成要素は、この時期に揃っていったと考えてよいでしょう。

貝塚時代後期のハプログループ構成からは、弥生時代から平安時代にかけての数百年の歴史のなかで、南西諸島に本土日本から徐々にハプログループD4を主体とする人々が流入し、在来の集団に吸収される形で人口を増やしていったというシナリオが見えてきます。本土日本では弥生時代の開始期以降に朝鮮半島を経由した稲作農耕民が流入して本格的な農耕社会に移行したのに対し、海洋によって隔てられ、稲作農耕に適した耕地をほとんど持たない南西諸島にはその波が急速に訪れることはありませんでした。約1000年のタイムラグをもって農耕社会に移行することになったのですが、「貝の道」も弥生時代以降の本土日本から南西諸島へのヒトの移動の経路となっていたのかもしれません。

## グスク時代のＤＮＡ

近年では奄美の考古学の調査から、グスク時代の開始期に南九州などから大規模な農耕民の移住があった可能性が指摘されており、これは形質人類学や言語学の研究から導かれたいくつかの結果によっても支持されています。繰り返しますが、琉球列島の現代人が持つゲノムは本土日本と分離することが知られており、このことも沖縄の集団が本土日本とは異なる形成史を持っていることを示しています。しかし遺伝子の構成からは、琉球列島で集団の交替に近い変化があったとは考えにくく、在来集団と南九州の農耕民の混合によって現代の琉球列島集団が形成されたと想定されます。その時の混合の様子が、現代の琉球列島集団の成り立ちを解明する鍵となっています。

しかし、発掘されているグスク時代の人骨も数は少なく、形態学的にも遺伝学的にもまだグスク時代人の実像を捉えるには至っていません。ＤＮＡに関しても、３カ所の遺跡のミトコンドリアＤＮＡ分析が行われているだけなので、残念ながら現時点での結論は限定的なものにとどまっています。なお、これまでに解析されているのは沖縄島のナカンダリヤマ古墓群から出土した８体と、波照間島《はてるまじま》の毛原《もうばる》遺跡から出土した７体、そして宮古島の外間《ほかま》遺跡から出土した３体です。

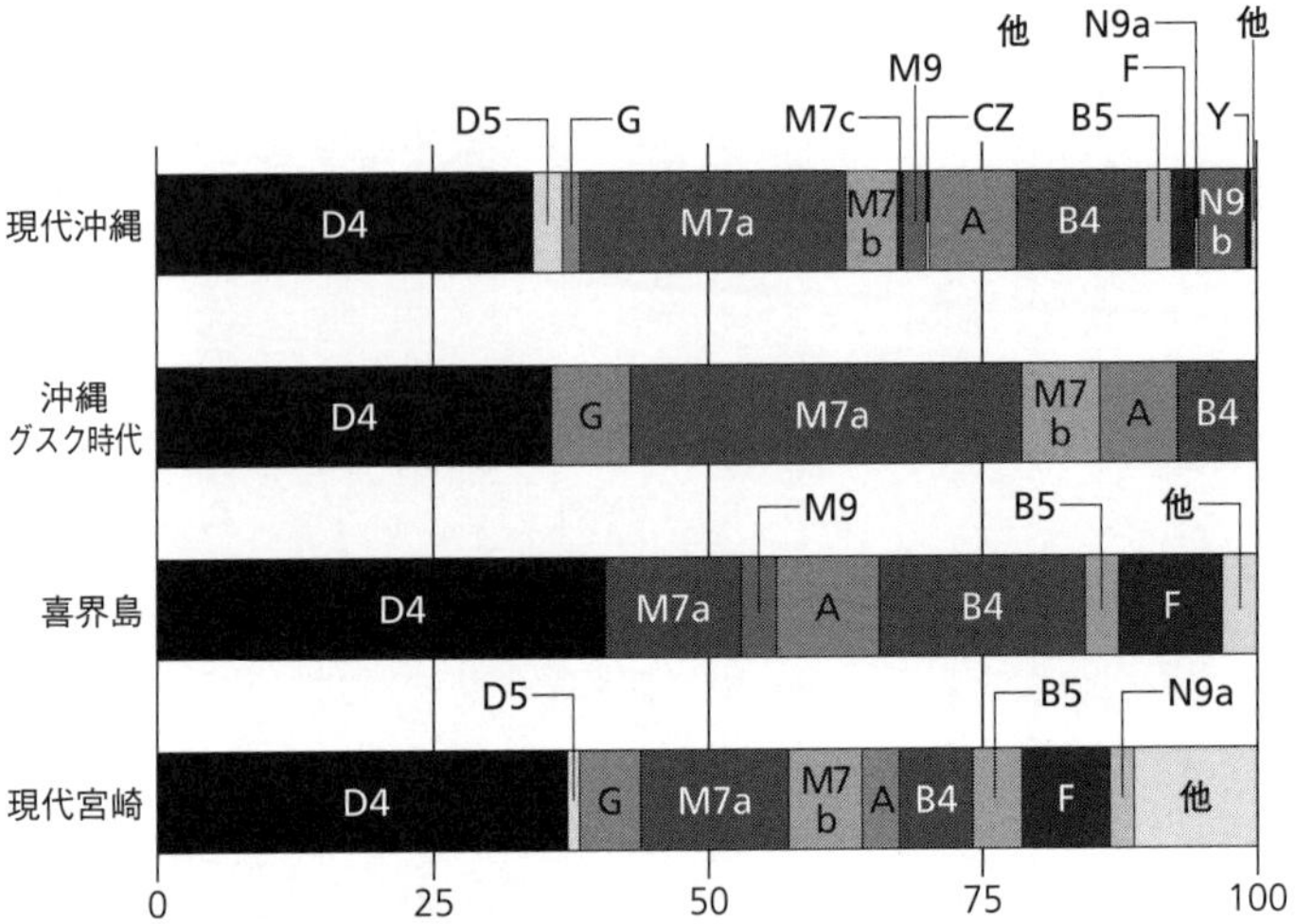


**図7-4　南西諸島と南九州のミトコンドリアDNAハプログループの比較**
沖縄と宮崎の現代人データは Umetsu et al, 2001、Imaizumi et al. 2002 による

一応、広く南西諸島全域からサンプリングを行った形になっていますが、状態の悪いものも多く、ミトコンドリアＤＮＡのハプログループを完全に決定できたものはそれほど多くはありません。しかし、すべての遺跡からＭ７ａが検出され、ナカンダリヤマと毛原からＤ４が、そして外間からはハプログループＧが検出されました。貝塚時代から続く系統と、後に沖縄に入ったと考えられる系統が混在している形になりましたが、ハプログループの頻度は、概ね現代の沖縄集団に似ています（図7-4）。

近年、奄美群島に属する喜界島《きかいじま》の圃場《ほじょう》整備事業に伴う調査発掘で、中世〜近世にかけての大規模な墓地の発掘が進んでいます。数百体にもおよぶ人骨が発掘されており、そのミトコンドリアＤＮＡ分析も行われているので、その結果も紹介しておきましょう。これまでに32個体についてミトコンドリアDNAハプログループが判明しています。検出されたハプログループは、A、B、D4、M7a、M9a、M11、Fの7種類ですが、目立つのはD4が全体の4割を占めていることです。特に多いのはD4eという特殊な系統ですが、これは2つの墓域からそれぞれ3個体ずつが見つかっているので、あるいは同じ血縁に属する個体同士を見ている可能性があります。また、琉球列島では多数を占めるM7aの頻度は12.5%とそれほど高くはありません。さらには、現代の日本列島や琉球の集団に比べてハプログループBも頻度が高いことなどが目に付きます。

喜界島の集団は、ハプログループB4の頻度が高いことを除けば、ほぼ現代の南九州集団と同じハプログループ構成をしています(前掲図7-4)。おそらく中世以降に喜界島や徳之島など奄美群島に移住した集団は基本的には南九州の農耕民だったのでしょう。そこから琉球列島に渡った集団もいたはずです。

徳之島では11世紀から14世紀にかけてカムィ焼という陶器が作られました。南九州と石垣島までの南西諸島一帯のグスク跡を中心とした遺跡からこの陶器が出土しており、この考古学的な証拠から、この時代には南西諸島全域を網羅する交易のルートがあったことが明らかになっています。このような交通網は、当然のことながらヒトの移動を促すことになったと考えられますから、このこととあわせると、この時期に本格的に農耕が始まる琉球列島には、徳之島や喜界島などの奄美諸島の農耕民が移住していったと予想する事も可能です。ここからハプログループD4を主体とした農耕民が進入し、ハプログループM7aを主体とした在来集団と混血することで、現代の沖縄の遺伝的な構成が完成したというシナリオが見えてきます。

これまで南西諸島と本土日本の遺伝的な特徴の違いは、二重構造説の枠組みのなかで説明されてきました。しかし、本州の周辺集団として捉えられてきた南西諸島集団の成立も、本書で示したように旧石器時代から続く地域の歴史として記述することが可能です。旧石器時代までさかのぼれば、南西諸島の成立は本土日本との関係だけでは捉えきれず、この地域を〝中心〟に据えた集団の変遷のシナリオを作る必要があります。4万年にわたる日本列島のホモ・サピエンスの歴史のなかで、最初に人骨による証拠が現れるのは南西諸島です。このことは、現状で化石証拠から最初の「日本人」とその後の展開を記述できるのは、この地域だけだということを示しています。地理的な関係から、本土日本へ南方からヒトが流入する経路となるこの地域を〝周辺〟として位置付けると、ヒトの流れが見えなくなってしまいます。本土日本の集団の成立を考える上でも、南西諸島を中心に据えた集団形成のシナリオを作ることは重要なのです。

今後核ゲノムの解析も含めた古代DNAの解析例が増えていけば、南西諸島集団の成立に関する詳細なシナリオを描くことができるはずです。そのためにさらに多くの古人骨のDNAデータを収集するとともに、何よりも現在ほぼ空白となっている奄美を含めた南西諸島全体での貝塚時代前期集団と、貝塚時代後期に相当する先島の人骨の発見とDNA分析が必要となります。旧石器時代にさかのぼる在来集団の由来と貝塚時代人との関係の解明、さらに貝塚時代後期以降の社会の発展に関して、在来集団と農耕民との融合がどのような状況と規模で行われたのか知ることができれば、南西諸島集団の成立の情況をより詳細に明らかにすることができるでしょう。

## 北海道先住民の成立史

北海道の先住民であるアイヌの人たちの歴史については、ハプログループYの説明をしたときにも少しふれました。二重構造説ではアイヌの人たちは沖縄の人たちと同様、弥生時代に日本に稲作をもたらした渡来系の人々の影響をあまり受けず、在来の縄文人の特徴を色濃く残した人たちであるとされています。しかし、最近のDNA分析や人骨の形態学的な研究の結果、沖縄の集団が農耕の受容に際して本土日本の影響を受けたと考えられているのと同じように、北海道のアイヌの人たちもオホーツク文化を担った人たちの影響を受けていたことが明らかになっています。その詳細を見ていきましょう。

北海道からは旧石器時代にさかのぼる人骨が出土していないので、最初のヒトが誰だったのかを人骨から明らかにすることはできていません。ただし北海道の縄文・続縄文人のミトコンドリアDNAの系統は、彼らと現在の大陸北東部の先住民との結びつきを強く示唆しています。北東アジアに限局して分布するハプログループZ1やG1が出現するのはそれを示しています。北海道は最終氷期には大陸と陸橋で結ばれており、およそ2万年前には、カミソリの刃を小さくした

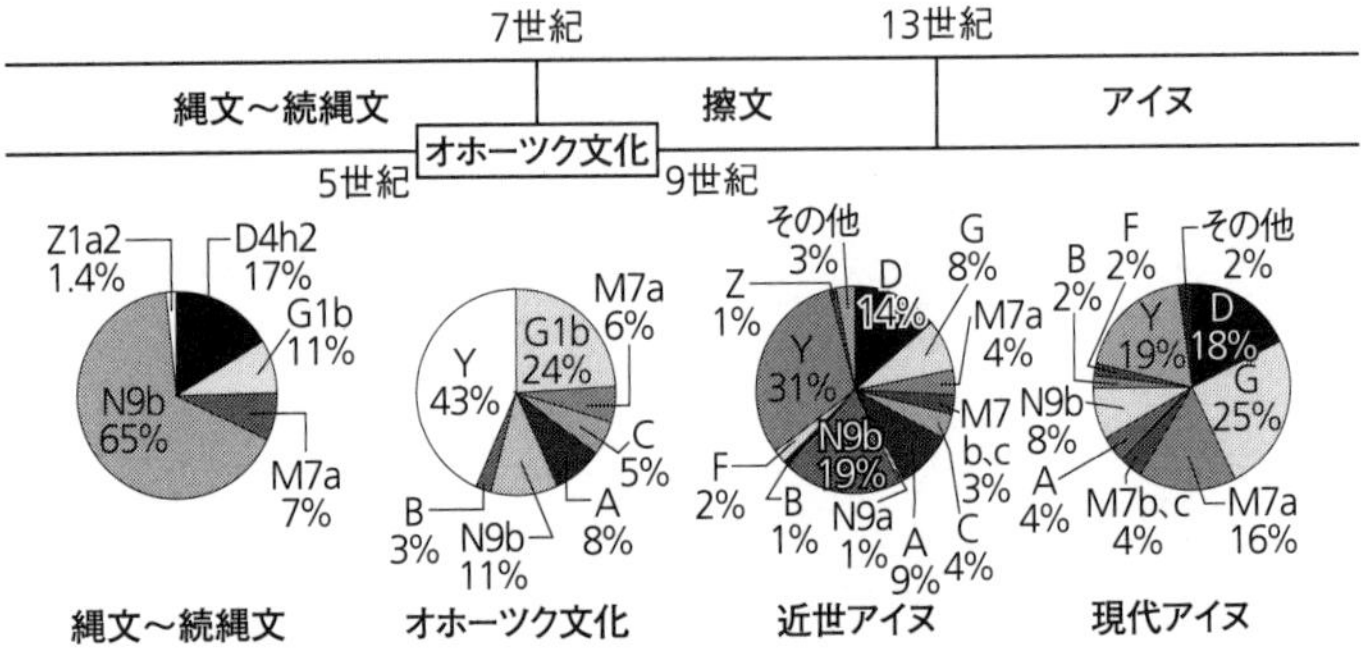


図7-5　北海道のミトコンドリアDNAハプログループの変遷

ような細石刃《さいせきじん》文化の影響が及んだとされます。北海道を中心とした北日本に分布したこの細石刃はシベリアから伝播したと考えられており、これらのハプログループが後期旧石器時代に沿海州に居住していた集団から北海道にもたらされたという推測も成り立ちます。北海道の縄文人に関しては、大陸北東部の周辺集団という捉え方をするのが妥当なのでしょう。東北以南の縄文人とハプログループの構成に違いがあるのは、そのためだと考えられます。ただし、アメリカ先住民のゲノムの構成を考えると、シベリアの後期旧石器時代には、ヨーロッパ人との共通祖先を持つマリタ遺跡に代表される人々と、東アジアから北上した集団が混在していたはずなのですが、その状況はまったくわかっていません。シベリアの旧石器時代人骨のDNA分析の進展は、北海道の集団の起源を明らかにするためにも重要です。

図7−5は、北海道のミトコンドリアDNAハプログループの割合の、時代的な変遷を示したものです。縄文時代にはなかったハプログループYがオホーツク文化人によってもた

らされ、両者の混合によってアイヌが誕生した様子が見て取れると思います。オホーツク文化人は忽然《こつぜん》と姿を消した、と表現されることがありますが、彼らはアイヌ集団の形成の過程で、在来の縄文系の人々と一体化していくことで、その実体がなくなっていったのだと考えられます。ただし、その混合が進んだと考えられる続縄文から擦文時代の人骨はほとんど出土しておらず、現時点ではその様子を描き出すことはできていません。今後の研究の課題となっています。

本書の冒頭に紹介した船泊縄文人と現代のアイヌの人たち、そして東アジアの現代人集団のSNPをもとに行った主成分分析の結果を示したものが図7－6になります。アイヌの人たちが帯状に分布しているのは、本土日本人との間の混血の影響だと考えられますが、船泊縄文人がその延長線上に位置しません。この船泊縄文人からのズレは、アイヌの人たちにオホーツク文化人のDNAが入っていると考えると説明できます。現時点では利用できるオホーツク文化人のゲノムはありませんが、それを含めた解析を行えば、このことはよりハッキリとするはずです。

北海道集団の成立は、本土日本との関係だけでは捉えきれないということがわ

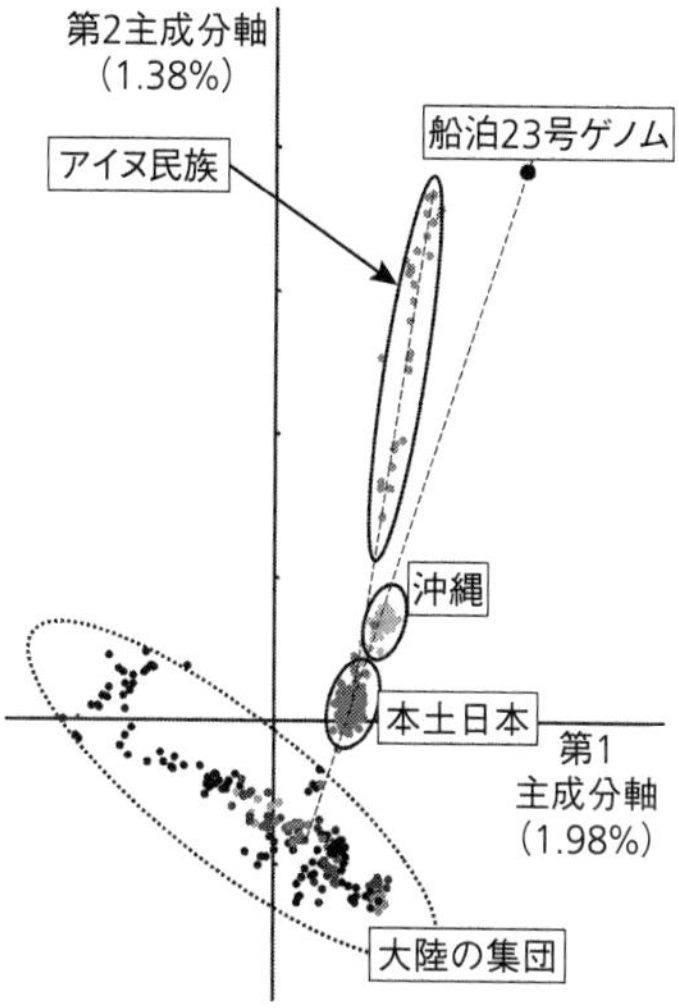

**図7-6　アイヌ民族を含む東アジアの現代人と船泊縄文人のSNPデータを用いた主成分分析**

かってきたことで、北海道を中心に据えた集団の変遷のシナリオを作る必要があるということも明らかとなりました。二重構造説は、琉球列島と北海道を本土日本の周辺集団として捉えていました。大陸からの稲作文化を受け入れた中央と、それが遅れた周辺で、集団の形質に違いが生じたと考えたわけですが、この発想からは周辺集団と他の地域の集団との交流の姿を捉えることができません。北海道の先住民集団の形成史は、日本列島集団の形成のシナリオが、複眼的な視点を持つ必要があることを教えています。

古代のＤＮＡや骨形態を調べる人類学の研究では、とりあえず人骨がなければ研究が進みません。現在の研究者は各地の博物館や大学に収蔵されている人骨を利用して研究ができますが、私たちの先達は人骨の収集から始める必要がありました。明治、大正、昭和、平成の各時代を通じて、人類学者は各地で人骨の収集に励みましたし、現在でもそれは続いています。その努力なしには人類学の研究は進みません。ただし、過去における人骨の収集方法や、その後の管理には今の基準で考えて適切ではないものもありました。特にアイヌの人たちの人骨の収集に関しては、時代的な背景を考えると無理もない面もあるにせよ、率直に言って私たち人類学者には反省すべき点があります。そしてそのことが原因となって、アイヌの人たちの成立の歴史に関する人類学的な研究を進めることが困難になっている現状があります。ここで紹介した北海道では、縄文時代からミトコンドリアＤＮＡがどのように変遷していったのかを明らかにした研究は、北海道アイヌ協会の理解を得て行ったものです。人類学の研究は、文献的には13世紀までしかさかのぼることのできないアイヌの人々の起源について、彼らが北海道の縄文人につながる先住民族であることを明らかにしてきました。また、ＤＮＡ研究はさらに詳細な集団の変遷のシナリオを明らかにしつつあります。これらの研究は、アイヌ民族のアイデンティティに関して重要な貢献ができたと考えています。今後とも、アイヌの皆さんとの協調関係を保ちながら、北海道の集団の成立に関する研究が進むことを願っています。

# 第8章
# ＤＮＡが語る私たちの歴史

## 国家の歴史を超えて

本書ではＤＮＡ研究が明らかにした人類の足跡をたどってきました。およそ20万〜15万年前にアフリカで誕生した私たち人類すべての祖先が、どの時期にどのようなルートで世界の各地に拡散したかを概観し、最後に、私たち日本人の成り立ちについて見ていきました。その意味では、本書は人類の歴史について書かれた書物ということになります。一般に歴史は、有名な個人や一族、あるいは王権や政権に起きたできごとを中心に語られるものですが、ＤＮＡが明らかにする歴史には、基本的には特定の人たちの話は出てきません。ＤＮＡの物語る歴史は、個人が持つＤＮＡに刻まれた人類の歩みを手がかりに話が組み立てられていますから、必然的に私たち人類すべてが歩んできた道、日本人すべての成り立ちの物語となるのです。

日本について記述する部分に関しても、この歴史の物語は大部分が日本という国家が成立する前の時代を記述したものです。歴史は国の始まりから説き起こされるのが普通ですから、その点でもずいぶん異色なものになっています。日本に国家が成立したのを1500年くらい前と仮定しても、その頃までには大陸からの大規模な移入も終息し、それ以降に日本の人口比率を変えるほどの大量の渡来があったという事実はなさそうです。ですからDNAに関して見れば、私たちは日本という国ができる前にその材料がそろっていたことになります。この列島に、ある程度の人数が居住し始めた縄文時代以降、国家が成立するまでの期間は、その後の歴史時代の10倍もの長さがあります。私たちのDNAは、その長い時間のなかで、いろいろな地域から流入してきたのでしょう。縄文人が持つDNAは、今では世界中を見わたしても存在しない特殊なものでした。そして弥生時代以降における大陸からの渡来民は、縄文時代に蓄積したDNAのプールに特に大きな影響を与えました。本土日本の集団は、この弥生時代以降に渡来した集団と在来の集団の混血によって成立していったのです。

ある程度地理的に隔離された北海道と沖縄では、本土の日本とは異なる集団の歴史があります。それは、両者が本土日本とは異なるDNAの組成を持っていることからも明らかです。日本列島における集団の成立の歴史は、重層的で複雑なものであることを、私たちの持つDNAは教えています。

国家としての日本は、鎌倉時代の二度にわたる元寇《げんこう》と第二次世界大戦後のアメリカによる占領を除けば、ほとんど他国の侵略や征服を受けることなく、おおよそ単系的に続いてきました。ですから私たちにとって、集団としての日本人がその成立の時点から単系的に続いてきて現在に至るという、いわゆる単一民族であるという考え方は受け入れやすいものです。しかし、ミトコンドリアDNAやY染色体DNAのハプログループを子細に見ていくと、私たちのルーツは大陸の広い地域に散らばっており、それがさまざまな時代にさまざまなルートを経由してこの日本列島に到達し、そのなかで融合していくことによって日本人が成立したことを示しています。実際のところ私たちのルーツを探して時間をさかのぼっていくと、その経路はいくつにも枝分かれし、アジアのさまざまな地域に散らばっていきます。そしてさらに時間をさかのぼっていけば、アジアのなかで複雑に絡み合った道筋が、アフリカに向けて収束していく姿が見えるのです。

もちろん、このような集団の成立史は日本列島のみに固有のものではありません。日本の周辺の地域でも、アフリカから出発した人類につながるさまざまな枝が、同じように混じり合い、それぞれの地域に特有の集団を構成していったのです。特に日本列島へのDNA流入の最大の通路であった、朝鮮半島から大陸の東北地域には、アフリカから出てこの地に至るまでの歴史を、私たちと共有している人々が住んでいます。

私たちはしばしば国の成立と、集団としての日本人の成立を同じものと見なすことがありますが、このように見ていけば、両者は分けて考えるべきものであることがわかります。言うまでもないことですが、日本という国ができる以前に、日本列島には人々が住んでいました。人がいて国ができたということは、国というもののありようを考えるときに、大切な認識だと思います。そして私たちの直接の祖先である人々と、親戚に当たる人たちの子孫が日本の周辺には住んでいます。とかく国同士の関係は、近いところほど複雑になるのですが、同じような道をたどってアフリカからやってきた人々ですから、本質的な違いはないと考えることもできると思います。

## 家系とＤＮＡのアナロジー

ＤＮＡと系統の問題を考えるとき、大きく2つの立場があります。ひとつは、ＤＮＡを変化することなく祖先から連綿と受け継がれる情報として捉える考え方で、もうひとつは自分の持つＤＮＡが多くの人に共有されていると考える立場です。本書の最初にも書きましたが、前者はＤＮＡを血統とか家系と結びつけて捉える考え方で、場合によっては特定の家系を特殊なものであると考える際の生物学的なバックボーンとして利用されることもあります。私たちは家系というものに特別な感情を持っています。これは日本に限らず多くの社会で見られるものですから、人類が共通で持っている考え方の癖のようなものなのかもしれません。ですから生物が祖先から受け継ぎ、子孫へと伝えている遺伝子の正体がＤＮＡであるとわかったとき、家系とＤＮＡを同じようなものとして捉える考え方が生まれました。私たちの持つひとつひとつの遺伝子が、人類進化の過程のどこかの段階で誕生したことは間違いありませんし、それぞれに私たちすべての人類の共通祖先が存在しますから、これを家系のアナロジーと捉えることも可能です。しかし、私たちは2万個以上の遺伝子を持っているのですから、自身のなかに多数の複雑な系統を持っていることになります。単一の遺伝子の系統をもって、全体の由来を代表させることはできないのです。

先に説明したように、大部分の核DNAは組み換えによって伝わりますから、その系統をたどることは事実上不可能です。しかもDNAは、両親から半分ずつを受け取り、子供に自分のDNAの半分を受け渡すという様式を取るのですから、ひとつの遺伝子に注目すれば、一本道で系統が続くように見えても、遺伝子を総体（ゲノム）で見た場合には、個人の歴史をさかのぼって収束していく道筋のようなものはありえません。むしろ自分の持っている個々の遺伝子が祖先の集団のなかに発散する姿が見えてきます。それは子孫に向かっても同じです。

他のDNAと違って、ミトコンドリアDNAとY染色体DNAは組み換えなしに子孫に伝わるので、ヒトの進化や拡散を研究するのに便利です。ですから、私たちは主にこの2種類のDNAを使って人類の拡散の様子を追跡してきました。この単系統に伝わる性質に注目して、これらのDNAをあたかも家系のシンボルのように捉える考え方が世間にあります。特にY染色体は男系に伝わりますから、最近ではこれを男子の系統のシンボルのように取り扱う不思議な議論が見受けられます。しかし、私たちのDNAは全体としてひとりの人間を作るために働いているのですから、特定のDNAだけをもって、あたかもそれだけが重要であるかのように強調するのはおかしな話なのです。

DNA分析による人類の歴史を解説した啓蒙書のなかにも、ミトコンドリアDNAやY染色体のDNAを、家系のアナロジーとして取り扱っているものがあります。現在の技術では、個人のミトコンドリアDNAやY染色体のハプログループを調べることは、さほど難しくはありませんから、それらを検査してルーツを探す商業的なプログラムも存在します。伝達の経路がハッキリしているこれらのDNAは、その解析がヒト集団の歴史の解明にいかに有効であるかを教えてくれます。しかしそれらは、あくまで集団の歴史を描くのに有効なのであって、個人の由来を教えるものではないことを認識しておく必要があります。ミトコンドリアDNAやY染色体のDNAは、私たちの持つDNAのごく一部であり、その由来は自分自身の持つすべてのDNAの出自を示しているわけではないのです。

## 核ゲノム分析の意味するもの

最近では比較的簡単に核のゲノムの分析もできるようになりました。核のゲノムは、私たちの体を作り、体内で起こる反応を制御している指示書のようなものですから、その分析から得られた知識は、医療を始めとする私たちを取り巻くさまざまな分野を大きく変えていくことになりました。今世紀になって現代人のSNPデータが蓄積し、古人骨からも同じ情報を取り出せるようになったことで、集団の起源や歴史について新たなシナリオが描けるようになったことは本書で紹介したとおりです。

その成果は、考古学や歴史学、言語学にとどまらず、人間とは何かという哲学的な問題を扱う際にも大きな影響を与えるものとなっています。近年の自然科学の研究で、人文社会科学の広範な領域にここまで大きな影響を与えている分野はないでしょう。ゲノム解析は自然科学と人文・社会科学の壁を取り去ったのです。

一方でゲノムの分析は、今後議論となるかもしれない研究を生み出す可能性もあります。ゲノムによる人類集団の解析は、個体間の塩基配列の違いを問題にします。ただし、すでに述べたように現生人類は非常に均一性の高い生物なので、ゲノムの99・9%までは同一で、ほとんど同じと言ってもよいくらいの差しかありません。違いがあるのは残りの0・1%で、それを比較することになるのですが、それでも個人同士を比べると、数百万塩基の違いとなるので、他の方法に比べて格段に精度の高い集団比較が可能になります。次ページの図8-1は、私たちの研究室が分析した、江戸時代の人骨の形態学的な研究と、ゲノムを使った研究の比較です。この人骨は文京区小日向《こひなた》にある切支丹《きりしたん》屋敷跡から発掘されたもので、分析の結果、この人物が新井白石《あらいはくせき》とも面会したことで有名な宣教師ジョバンニ・シドッチであることを特定しました。その経緯については拙著『江戸の骨は語る——甦った宣教師シドッチのDNA』(岩波書店)を読んでいただきたいのですが、骨形態の計測値(左図)からはこの人物が帰属する集団をうまく特定できないのに対し、ゲノムを使った研究(右図)では、ヨーロッパ人であることがハッキリとわかります。従来

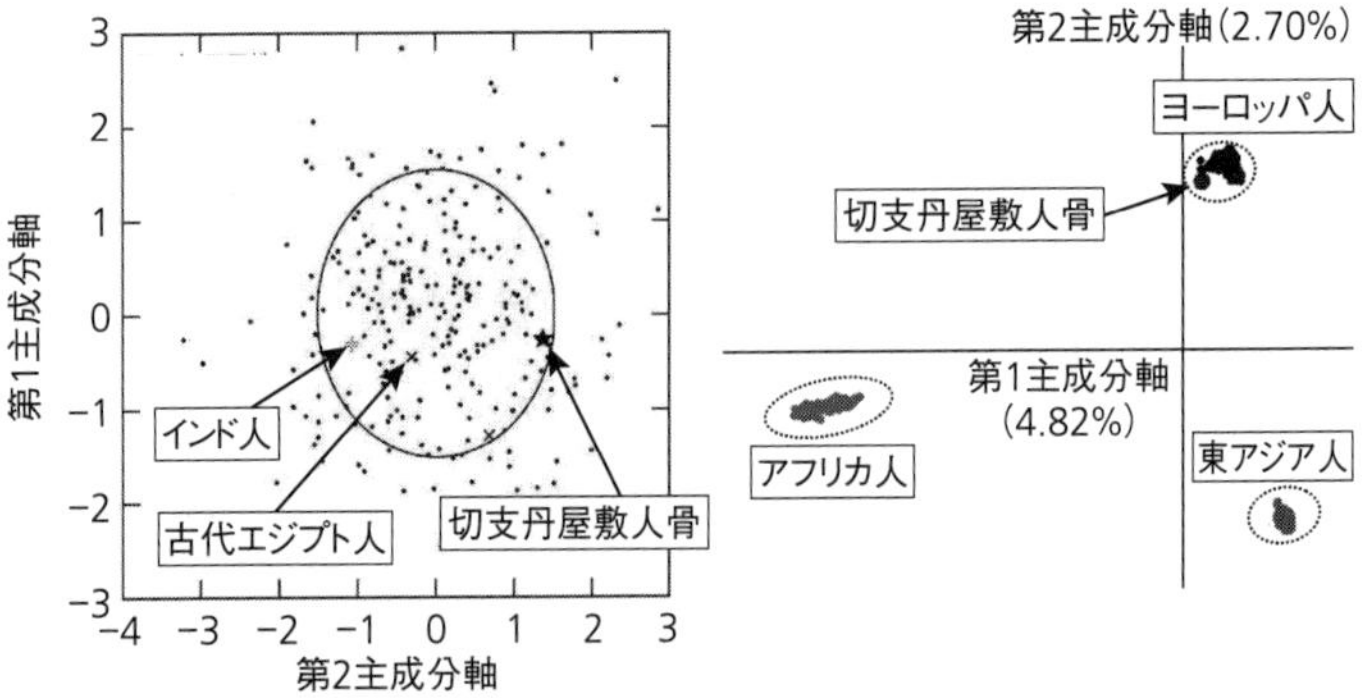


**図8-1　頭蓋骨計測値と古人骨DNA分析値の主成分分析**

（左）切支丹屋敷出土人骨と、古代エジプト人、現代インド人、江戸時代人骨の頭蓋骨計測値21項目を用いて主成分分析を行った結果（円は2/3の江戸人骨が含まれる範囲）。切支丹屋敷人骨は江戸時代人と明瞭には分離されない。（右）切支丹屋敷人骨から抽出したDNAからSNPデータを取得し、現代人（アフリカ人、東アジア人、ヨーロッパ人）のSNPとあわせて解析した結果。この人骨がヨーロッパ人であることが明確にわかる

の骨形態をベースにした研究とゲノム解析では、これくらい識別能力に違いがあるのです。なぜなら骨形態の研究では人類に共通の遺伝要素と、各集団が個別に持つ違いを明確には分離できないからです。始めから違っている部分だけを集めて分析しているゲノムの解析の識別能力がいかに強力なものであるか、おわかりでしょう。この識別力が、集団の歴史を解き明かす源になっています。

それでは、個体間のゲノムの違いが何か人間の能力に関わるものである、ということになったらどうでしょう。ＳＮＰの違いの大部分は意味がないと考えられており、おそらく直接的、間接的に特定の機能と結びつくＳＮＰは数万程度だと思います。しかし現在ではある種の病気のなりやすさや、クスリに対する抵抗性と特定のＳＮＰの関係について、猛烈な勢いで知見が集積されつつありますから、やがてＳＮＰの違いが能力と結びつけ

られて語られるようになることは避けられないでしょう。そしてそのデータが、集団間に生物学的な違いがあるという根拠として用いられたら、何が起こるのでしょうか。このような議論は早晩起こりうると予想されます。

その時、私たちがどのように対応するかは、自然科学の研究から答えを導くことはできません。それは人間とは何かという哲学的な問題に行き着きます。かつては宗教が答えを用意してくれていたこのような問題も、現在では社会が答えを出さなければなりません。各個人が考えなければならない問題なのです。私たちが人間をどのように捉え、何を大切にするかで結論は異なるものになるでしょう。ヒトとしての共通の土台は、99・9％のゲノムの中に書き込まれています。一方、個人や集団の差は0・1％の部分にあるのでしょう。どちらに人間の本質があるのか、共通性を重要視するか、違いに価値を見いだすのか、あるいは両者の間に落としどころを見いだすことができるのか、それを問われる時代はもうすぐ先にあります。

## DNAのネットワークとしての私たちの社会

先にも説明しましたが、「個人」をみずからが持つ遺伝子の組み合わせだと考えると、ひとつひとつの遺伝子が数万年から数十万年の歴史を持っているにせよ、前後20世代としても1000年ほどの歴史しか持ち得ません。そのくらいの年月で、特定の遺伝子同士の組み合わせは雲散霧消してしまいます。つまり、みずからの持つ遺伝子の組み合わせを過去にさかのぼって追求できるのはせいぜい500年程度ということになります。個人という視点から見れば、由来をさかのぼることはそれほど意味のあることではないのです。

それでは自分のDNAについて考えるとき、この歴史をさかのぼるという発想以外にどのような考え方ができるでしょうか。チンギス・ハンのY染色体DNAが1600万人の子孫に共有されているという研究もあります。祖先から見ると、その遺伝子は多くの子孫に共有されています。これは子孫である私たちの側から見れば、自分の持つDNAが同時代に生きる多くの人々によって共有されていることを意味しています。ここから、過去をさかのぼって祖先集団のなかに拡散してしまう道筋を探すという発想ではなく、自分と同じDNAを持つ集団について考えるという捉え方があることがわかります。地球上には遺伝子ごとに同じ種類を持つもの同士のネットワークが存在しているのです。

日本人の祖先集団の成立に際しては、大陸の広い地域の人々が関与したために、私たちの持つDNAは東アジアの広い地域の人々に共有されています。国という境界を越えて、多くの東アジアの人々はDNAを共有しているのです。これはこの地域に限ったことではなく、多くの研究で、地理的に隣接する集団が互いに似た遺伝子を持っていることが示されています。たとえばレバノン人のY染色体DNAを用いた研究でも、キリスト教徒とイスラム教徒が互いに似たハプログループを持っていることが明らかとなっています。地理的に近い集団ほど類似した遺伝子構成を持つというのは普遍的な現象なのです。残念なことに、隣接した国や民族同士ほど、いがみ合いの歴史を持っているというのも世界中で見られる現象なのですが、多くの場合、隣接して暮らす人々同士は、実は地球上でもっとも多くのＤＮＡを共有する人々なのです。この事実をしっかりと認識していれば、些細な理由で隣国に住む人たちを憎む感情が生まれることもないでしょうし、おのずからお互いを信じる気持ちも生まれてくると思います。

## これからの社会と私たちのＤＮＡ

狩猟採集民として出発した私たちの祖先は、最初は緩やかな拡散によって、そのテリトリーを広げていきました。農耕や牧畜がはじまった1万年前以降には新たな移住の波が世界に起こり、それが一段落することで現在につながる地域的な違いが生じました。その後、歴史時代を通じてこの地域差は固定化されていきましたが、大航海時代以降の人類の歴史は、細分化した地域集団の境界を曖昧なものにしていきます。ヨーロッパとアフリカからは大量の人々が新大陸に進入し、そこでは遠い昔にアフリカを出て以来、数万年間出会うことのなかった世界中のＤＮＡが集合しました。近代社会になって、交通の発達とともにヒトの移動には拍車がかかり、今や、程度の違いはあるにせよ世界のどこの地域に行っても、人類の持つほとんどのＤＮＡを見いだすことができるようになっています。

この傾向は、社会の状況が大きく変革することでもない限り、促進されることはあっても停滞することはないでしょう。したがって今後も私たちの社会では、人類が長い時間をかけて蓄積してきた、地域に固有のDNAの組成が解消する方向に進むと考えられます。それは日本でも例外ではなく、数百年というタイムスパンで考えれば、今の私たちとは異なるDNAを持つ日本人が多数を占める日がくるというのも荒唐無稽《こうとうむけい》な話ではないと思われます。歴史的に考えれば、現在は縄文時代から弥生・古墳時代への移行期以来二度目となる、外部からのDNAの流入と国内での均一化が進んでいる時期であるとも捉えられます。一度目は数百年以上をかけての流入でしたが、二度目は目に見えて変化がわかるほど急激なものになりました。Y染色体のDNAなどを見ると、日本の社会は大きな混乱もなく渡来した人たちを受け入れて、新たな社会を作ったようにも見えますが、二度目の今回はどのような経過をたどるのでしょうか。移民の問題は、多くの場合、経済と結びついた議論だけが先行しますが、これだけ急速に事態が進むケースでは、伝統や文化を大切にしながら、どのように新たな社会を構築していくかという、私たちの知恵が試される問題になります。

現在、世界的な規模で起こっているヒトの移動は、経済のグローバル化と相まって、国というもののあり方を大きく変えていくでしょう。その潮流のなかで、私たちが国のあり方に関してどのような選択をするのかは、今後の重要な課題となるはずです。「アメリカ・ファースト」に代表される自国中心主義、戦前へ回帰するような最近の風潮は、もしかするとそれに対するひとつの反応なのかもしれません。しかし、今後ますます進むボーダーレスの社会にあって、普遍的な価値を持たないナショナリズムにこだわって未来があるとは思えません。過去と未来を見わたした長期的な視野に立って考えることが大切でしょう。

私たちはかつて、「恒久の平和を念願し、人間相互の関係を支配する崇高な理想を深く自覚するのであって、平和を愛する諸国民の公正と信義に信頼して、われらの安全と生存を保持しようと決意した」と宣言したことがあります。それから70年以上が経って、この考え方が時代に合わないと考える人が増えてきました。しかし、私たちの持つＤＮＡを研究してみると、そもそも人類の持つＤＮＡの違いはごくわずかであること、そしてその成立の経緯から、私たちの持つＤＮＡはほとんどが東アジアの人々に共有されていることがわかりました。少なくとも私たち自身が公正や信義を重んじているのであれば、人類７００万年の歴史から見ればほんの少し前に分かれた世界中の人々や、ほぼ同じ遺伝子を持ち、ＤＮＡから見れば親戚関係の集団であるアジアの人々にそれを期待することは、それほど間違った話ではないと思います。ＤＮＡが明らかにした、人類集団の成り立ちの真の姿は、この日本国憲法前文の精神の正しさを生物学の立場から裏づけているようにも思えるのです。これからの私たちの社会のあり方は、この精神を否定するところからではなく、ここから出発することが求められているでしょう。どのみち、信頼関係が構築できなければ、人類に未来はないのですから。

# 参考文献


【単行本】
安里進、土肥直美　1999『沖縄人はどこから来たか』ボーダーインク
池田次郎　1998『日本人のきた道』朝日新聞社
S・オッペンハイマー　2007『人類の足跡10万年全史』草思社
海部陽介　2005『人類がたどってきた道』NHKブックス
B・サイクス　2001『イヴの七人の娘たち』ソニーマガジンズ
B・サイクス　2004『アダムの呪い』ソニーマガジンズ
崎谷満　2009『DNA・考古・言語の学際研究が示す新・日本列島史』勉誠出版
篠田謙一　2015『DNAで語る日本人起源論』岩波書店
篠田謙一　2018『江戸の骨は語る』岩波書店
S・ジョーンズ　2004『Yの真実』化学同人
高宮広土（編）　2018『奄美・沖縄諸島 先史学の最前線』南方新社
土肥直美　2018『沖縄骨語り』琉球新報社
百々幸雄　2015『アイヌと縄文人の骨学的研究』東北大学出版会
中橋孝博　2005『日本人の起源』講談社
中橋孝博　2015『倭人への道』吉川弘文館
中堀豊　2005『Y染色体からみた日本人』岩波書店
埴原和郎　1995『日本人の成り立ち』人文書院
L・ハンフリー／C・ストリンガー　2018『サピエンス物語』エクスナレッジ
藤尾慎一郎　2011『〈新〉弥生時代』吉川弘文館
宝来聰　1997『DNA人類進化学』岩波書店
山口敏　1999『日本人の生いたち』みすず書房
D・ライク　2018『交雑する人類』NHK出版
J・リレスフォード　2005『遺伝子で探る人類史』講談社
Wade N. 2006 *Before the Dawn.* The Penguin Press.
Wells S. 2004 *The Journey of Man.* Random House.

【和文論文】
海部陽介ほか　2017「下本山岩陰遺跡（長崎県佐世保市）出土の縄文時代前期・弥生時代人骨」*Anthrop. Sci.* (Japanese Ser.) Vol. 125, 25-38.
篠田謙一、安達登　2010「DNAが語る「日本人への旅」の複眼的視点」『科学』Vol. 80, 368-372、岩波書店
篠田謙一、安達登　2011「西ヶ原貝塚出土人骨のDNA分析」『西ヶ原貝塚：北区（東京都埋蔵文化財センター調査報告書第265集第3巻）』56-60.
篠田謙一　2011「DNAからみた中世鎌倉の人々」中條利一郎・酒井英男・石田肇編『考古学を科学する』245-257、臨川書店
篠田謙一　2014「市谷加賀屋町二丁目遺跡6次調査出土縄文時代人骨のDNA分析」『東京都新宿区市谷加賀屋町二丁目遺跡Ⅳ』61-63、新宿区地域文化部
篠田謙一　2014「大膳野南貝塚出土人骨のDNA分析」『大膳野南貝塚　第Ⅲ分冊　本編3』909-915、公益財団法人千葉市教育振興財団
篠田謙一　2014「DNA分析」『小竹貝塚発掘調査報告書　北

陸新幹線建設に伴う埋蔵文化財発掘報告書X　第三分冊人骨分析編」11-15′ 公益財団法人富山県文化振興財団埋蔵文化財調査事務所
篠田謙一　２０１４「横穴墓群から出土した人骨のＤＮＡ分析」『羽根沢台遺跡・羽根沢台横穴墓群Ⅲ　三鷹市埋蔵文化財調査報告集第34集』181-186′ 三鷹市教育委員会・三鷹市遺跡調査会
篠田謙一ほか　２０１７「佐世保市岩下洞穴および下本山岩陰遺跡出土人骨のミトコンドリアＤＮＡ分析」*Anthrop. Sci.* (Japanese Ser.)　Vol. 125, 49-63.
篠田謙一ほか　２０１７「沖縄先史人はどこから来たのか」『科学』Vol. 87, 555-558′ 岩波書店
百々幸雄　１９９２「モンゴロイドの道」『科学朝日』108-112.

**【英文参考文献】**

Adachi, N. et al. 2009. Mitochondrial DNA Analysis of Jomon Skeletons From the Funadomari Site, Hokkaido, and Its Implication for the Origins of Native American. *Am. J. Phys. Anthrop.*, 138:255-265.
Adachi, N. et al. 2011. Mitochondrial DNA analysis of Hokkaido Jomon skeletons: remnants of archaic maternal lineages at the southwestern edge of former Beringia. *Am. J. Phys. Anthrop.*, 146:346-360.
Adachi, N. et al. 2013. Mitochondrial DNA analysis of the human skeleton of the initial Jomon phase excavated at the Yugura cave site. Nagano, Japan, *Anthrop. Sci.*, 121:137-143.
Adachi, N. et al. 2015. Further Analyses of Hokkaido Jomon Mitochondrial DNA. In. *Emergence and Diversity of Modern Human Behavior in Paleolithic Asia*, Texas A&M University Press, 406-417.
Adachi, N.et al. 2017. Ethnic derivation of the Ainu inferred from ancient mitochondrial DNA data. *Am. J. Phys. Anthrop.*, DOI: 10.1002/ajpa.23338.
Anderson, S. et al. 1981. Sequence and organization of the human mitochondrial genome. *Nature*, 290:457-465.
Atkinson, Q. D. et. al. 2008. mtDNA Variation Predicts Population Size in Humans and Reveals a Major Southern Asian Chapter in Human Prehistory, *Mol. Biol. Evol.*, 25:468-474.
Bae, C.J. 2017. On the origin of modern humans: Asian perspectives. *Science*, 358, eaai9067.
Behar, D.M. et al. 2008. The Dawn of Human Matrilineal Diversity. *Am. J. Hum. Genet.*, 82:1130-1140.
Berniell-Lee, G. et al. 2009. Genetic and Demographic Implications of the Bantu Expansion: Insights from Human Paternal Lineages. *Mol. Biol. Evol.*, 26:1581-1589.
Bisso-Machado, R. et al. 2011. Distribution of Y-Chromosome Q Lineages in Native Americans. *Am. J. Hum. Biol.*, 23:563-566.
Brace, C.L. et al. 2001. Old World sources of the first New World inhabitants. *PNAS.*, 98:10017-10022.
Bramanti, B. et al. 2009. Genetic Discontinuity Between Local Hunter-Gatherers and Central Europe's First Farmers. *Science*, 326, 137-140.
Brandt, G. et al. 2013. Ancient DNA Reveals Key Stages in the Formation of Central European Mitochondrial Genetic

Diversity. *Science*, 342:257-261.

Brown, M. et al. 1998. mtDNA Haplogroup X: An Ancient Link between Europe/Western Asia and North America? *Am. J. Hum. Genet.*, 63:1852-1861.

Cann, R.L. et al. 1987. Mitochondrial DNA and human evolution. *Nature*, 325:31-36.

Chandrasekar, A. et al. 2009. Updating Phylogeny of Mitochondrial DNA Macrohaplogroup M in India: Dispersal of Modern Human in South Asian Corridor. *PLoS ONE*, 4:e7447.

Comas, D. et al. 1998. Trading genes along the Silk Road: mtDNA sequences and the origin of central Asian populations. *Am. J. Hum. Genet.*, 63:1824-1838.

Derenko, M. et al. 2007. Phylogeographic Analysis of Mitochondrial DNA in Northern Asian Populations. *Am. J. Hum. Genet.*, 81:1025-1041.

Derenko, M. et al. 2010. Origin and Post-Glacial Dispersal of Mitochondrial DNA Haplogroups C and D in Northern Asia. *PLoS ONE*, 5: e15214.

Derenko, M. et al. 2012. Complete Mitochondrial DNA Analysis of Eastern Eurasian Haplogroups Rarely Found in Populations of Northern Asia and Eastern Europe. *PLoS ONE*, 7:e32179.

Derbenevaet, O.A. et al. 2002. Analysis of mitochondrial DNA diversity in the Aleuts of the Commander Islands and its implications for the genetic history of Beringia. *Am. J. Hum. Genet.*, 71:415-421.

Forster, P. et al. 2001. Phylogenetic star contraction applied to Asian and Papuan mtDNA evolution. *Mol. Biol. Evol.* 18:1864-1881.

Forster, P. and Matsumura, S. 2005. Did Early Humans Go North or South? *Science*, 308:965-966.

Friedlaender, J. et al. 2005. Expanding southwest pacific mitochondrial haplogroups P and Q. *Mol. Biol. Evol.*, 22:1506-1517.

Fu, Q. et al. 2013. DNA analysis of an early modern human from Tianyuan Cave, China. *PNAS.*, 110:2223-2227.

Fu, Q. et al. 2014. Genome sequence of a 45,000-year-old modern human from western Siberia. *Nature*, 514:445-449.

Gamba, C. et al. 2014. Genome flux and stasis in a five millennium transect of European prehistory. *Nature Comm.*, 5:5257.

Green, R.E. et al. 2010. A Draft Sequence of the Neandertal Genome. *Science*, 328:710-722.

Haak, W. et al. 2005. Ancient DNA from the First European Farmers in 7500-Year-Old Neolithic Sites. *Science*, 310:1016-1018.

Hanihara, K. 1991. Dual structure model for the population history of the Japanese. *Jpn Rev.*, 2:1-33.

Hank, W. et al. 2015. Massive migration from the steppe was a source for Indo-European languages in Europe. *Nature*, 522, 207–211.

Harada, S. 1991. Genetic polymorhism of alchol metabolyzing enzyimes and its implication to human ecology. *Anthrop. Sci.*,

99:123-139.
Horai, S. et al. 1989. DNA amplification from ancient human skeletal remains and their sequence analysis. *Proc. Jpn. Acad.*, 65, Ser.B, 229-233.
Hubin, J.J. et al. 2017. New fossils from Jebel Irhoud, Morocco and the pan-African origin of Homo sapiens. *Nature*, 546:289–292.
Hudjashov, G. et al. 2007. Revealing the prehistoric settlement of Australia by Y chromosome and mtDNA analysis. *PNAS.*, 104:8726-8730.
The HUGO Pan-Asian SNP Consortium 2009. Mapping Human Genetic Diversity in Asia. *Science*, 326:1541-1545.
Huoponen, K. et al. 2001. Mitochondrial DNA variation in an Aboriginal Australian population: Evidence for genetic isolation and regional differentiation. *Hum. Immun.*, 62: 954-969.
Imaizumi, K. et al. 2002. A new database of mitochondrial DNA hypervariable region I and II sequences from 162 Japanese individuals. *Int. J. Leg. Med.*, 116:68-73.
Ingman, M. et al. 2000. Mitochondrial genome variation and the origin of modern humans. *Nature*, 408:708-713.
Ingman, M. and Gyllensten, U. 2003. Mitochondrial Genome Variation and Evolutionary History of Australian and New Guinean Aborigines. *Genome Res.*, 13: 1600-1606.
Japanese Archipelago Human Population Genetics Consortium 2012. The history of human populations in the Japanese Archipelago inferred from genome-wide SNP data with a special reference to the Ainu and the Ryukyuan populations. *J. Hum. Genet.*, 57:787-795.
Kanzawa-Kiriyama H. et al. 2017. A partial nuclear genome of the Jomons who lived 3000 years ago in Fukushima. Japan. *J. Hum Genet.*, 62:213-221.
Kanzawa-Kiriyama H. et al. 2019. Late Jomon male and female genome sequences from the Funadomari site in Hokkaido. Japan. *Anthrop. Sci.*, DOI:10. 1537/ase. 190415.
Kitchen, A. et al. 2008. A Three-Stage Colonization Model for the Peopling of the Americas. *PLoS ONE*, 3: e1596.
Kivisild, T. et al. 2002. The Emerging Limbs and Twigs of the East Asian mtDNA Tree. *Mol. Biol. Evol.*, 19:1737-1751.
Koganebuchi, K. et al. 2012. Autosomal and Y-chromosomal STR markers reveal a close relationship between Hokkaido Ainu and Ryukyu islanders. *Anthrop. Sci.*, 120:199-208.
Kong, Q.P. et al. 2006. Updating the East Asian mtDNA phylogeny: a prerequisite for the identification of pathogenic mutations. Hum. Mol. Genet., 15:2076-2086.
Kong, Q.P. et al. 2011. Large-Scale mtDNA Screening Reveals a Surprising Matrilineal Complexity in East Asia and Its Implications to the Peopling of the Region. *Mol. Biol. Evol.*, 28:513-522.
Krause, J. et al. 2010. The complete mitochondrial DNA genome of an unknown hominin from southern Siberia. *Nature*, 464:894-897.
Krings, M. et al. 1997. Neandertal DNA sequences and the origin of modern humans. *Cell*, 90:19-30.

Lachance, L. et al. 2012. Evolutionary History and Adaptation from High-Coverage Whole-Genome Sequences of Diverse African Hunter-Gatherers. *Cell*, 150:457-469.

Lazaridis, I. et al. 2014. Ancient human genomes suggest three ancestral populations for present-day Europeans. *Nature*, 513, 409-413.

Li, C. et al. 2010. Evidence that a West-East admixed population lived in the Tarim Basin as early as the early Bronze Age. *BMC Biol.*, 8:15.

Lipson, M. et al. 2014. Reconstructing Austronesian population history in Island Southeast Asia. *Nature Comm.*, 5:4689.

Lipson, M. et al. 2018. Ancient genomes document multiple waves of migration in Southeast Asian prehistory. *Science* 10.1126/science.aat3188.

Lohse, K. and Frantz, A.F. 2014. Neandertal Admixture in Eurasia Confirmed by Maximum Likelihood Analysis of Three Genomes. *Genetics*, 196:1241-1251.

Luis J. R. et al. 2004. The Levant versus the horn of Africa: Evidence for bidirectional corridors of Human migrations. *Am. J. Hum. Genet.*, 74:532-544.

Maca-Meyer, N. et al. 2001. Major genomic mitochondrial lineages delineate early human expansions. *BMC Genet.*, 2:13

Macaulay, V. et al. 1999. The emerging tree of west Eurasian mtDNAs: A synthesis of control-region sequences and RFLPs. *Am. J. Hum. Genet.*, 64:232-249.

Macaulay, V. et al. 2005. Single, rapid coastal settlement of Asia revealed by analysis of complete mitochondrial genomes. *Science*, 308:1034-1035.

Malhi, S. and Smith D.G. 2002. Brief communication: Haplogroup X confirmed in prehistoric north. *Am. J. Phys. Anthrop.*, 119:84-86.

Matsukusa, H. et al. 2010. A Genetic Analysis of the Sakishima Islanders Reveals No Relationship with Taiwan Aborigines but Shared Ancestry with Ainu and Main-island Japanese. *Am. J. Phys. Anthrop.*, 142:211-223.

Mendez, F. L. et al. 2013. An African American Paternal Lineage Adds an Extremely Ancient Root to the Human Y Chromosome Phylogenetic Tree. *Am. J. Hum. Genet.*, 92,:454-459.

Metspalu, M. et al. 2004. Most of the extant mtDNA boundaries in South and Southwest Asia were likely shaped during the initial settlement of Eurasia by anatomically modern humans. *BMC Genet.*, 5:26.

Mishmar, D. et al. 2003. Natural selection shaped regional mtDNA variation in humans. *PNAS.*, 100 171-176.

Moorjani, P. et al. 2013. Genetic Evidence for Recent Population Mixture in India. *Am. J. Hum. Genet.*, 93:422-438.

Narasimhan, V.M. et al. 2018. The Genomic Formation of South and Central Asia. *bioRxiv*, http://dx.doi.org/10.1101/292581.

Nielsen, R. et al. 2017 Tracing the peopling of the world through genomics. *Nature*, 541:302–310

Nonaka, I. et al. 2007. Y-chromosomal Binary Haplogroups in the Japanese Population and their Relationship to 16 Y-STR Polymorphisms. *Ann. Hum. Genet.*, 71:480-495.

Oppenheimer, S. 2012 Out-of-Africa, the peopling of continents and islands: tracing uniparental gene trees across the map. *Phil. Trans. B*, 367:770-784.
Ovchinnikov, I.V. et al. 2000. Molecular analysis of Neanderthal DNA from the northern Caucasus. *Nature*, 404:490-493.
Pakendorf, B. et al. 2003. Mitochondrial DNA evidence for admixed origins of central Siberian populations. *Am. J. Phys. Anthrop.*, 120:211-224.
Palanichamy, M.G. et al. 2004. Phylogeny of mitochondrial DNA macrohaplogroup N in India, based on complete sequencing: Implications for the peopling of south Asia. *Am. J. Hum. Genet.*, 75:966-978.
Perego, U. A. et al. 2010. The initial peopling of the Americas: A growing number of founding mitochondrial genomes from Beringia. *Genome Res.*, 20:1174-1179.
Prüfer, K. et al. 2014. The complete genome sequence of a Neanderthal from the Altai Mountains. *Nature*, 505:43-49.
Pugach, I. et al. 2013. Genome-wide data substantiate Holocene gene flow from India to Australia. *PNAS.*, 110:1803-1808.
Quintana-Murci, L. et al. 1999. Genetic evidence for an early exit of Homo sapience sapience from Africa through eastern Africa. *Nature Genet.*, 23:437-441.
Raghavan, M. et al. 2015. Genomic evidence for the Pleistocene and recent population history of Native Americans. *Science*, 349, aab3884.
Rajkumar, R. et al. 2005. Phylogeny and antiquity of M macrohaplogroup inferred from complete mtDNA sequence of Indian specific lineages. *BMC Evol. Biol.*, 5:26.
Rasmussen, M. et al. 2010. Ancient human genome sequence of an extinct Palaeo-Eskimo. *Nature*, 463:757-762.
Rasmussen, M. et al. 2011. An Aboriginal Australian Genome Reveals Separate Human Dispersals into Asia. *Science*, 334:94-98.
Rasmussen, M. et al. 2014. The genome of a Late Pleistocene human from a Clovis burial site in western Montana. *Nature*, 506:225-229.
Reich, D. et al. 2009. Reconstructing Indian population history. *Nature*, 461:489-494.
Reich, D. et al. 2010. Genetic history of an archaic hominin group from Denisova Cave in Siberia. *Nature*, 468, 1053-1060.
Richards, M. et al. 2000. Tracing European founder lineages in the near eastern mtDNA pool. *Am. J. Hum. Genet.*, 67:1251-1276.
Rowold, D. J. et al. 2007. Mitochondrial DNA gene flow indicates preferred usage of the Levant Corridor over the Horn of Africa passageway. *J. Hum. Genet.*, 52:436-447.
Ruiz-Pesini, E. et al. 2004. Effects of purifying and adaptive selection on regional variation in human mtDNA. Science, 303:223-226.
Saiki, R.K. et al. 1988. Primer-directed enzymatic amplification of DNA with a thermostable DNA polymerase. *Science*, 239:487-491.
Sarkissian, C. D. et al. 2013. Ancient DNA Reveals Prehistoric Gene-Flow from Siberia in the Complex Human Population

History of North East Europe. *PLoS Genet.*, 9:e1003296.

Sato, T. et al. 2007. Origins and genetic features of the Okhotsk people, revealed by ancient mitochondrial DNA analysis. *J. Hum. Genet.*, 52:618-627.

Sato, T. et al. 2011. Genetic features of ancient West Siberian people of the Middle Ages, revealed by mitochondrial DNA haplogroup analysis. *J. Hum. Genet.*, 56:602-608.

Sato, T. et al. 2014. Genome-Wide SNP Analysis Reveals Population Structure and Demographic History of the Ryukyu Islanders in the Southern Part of the Japanese Archipelago. *Mol. Biol. Evol.*, 31: 2929-2940.

Schurr T. et al. 1999. Mitochondrial DNA variation in Koryaks and Itelmen: Population replacement in the Okhotsk Sea-Bering Sea Region during the neolithic. *Am. J. Phys. Anthrop.*, 108:1-39.

Seguin-Orlando, A. et al. 2014. Genomic structure in Europeans dating back at least 36,200 years. *Science*, 346:1113-1118.

Shinoda, K. and Doi, N. 2008, Mitochondrial DNA analysis of human skeletal remains obtained from the old tomb of Suubaru: Genetic characteristics of the westernmost island Japan. *Bull. Ntl. Mus. Nat. Sci. Ser. D*, 34:11-18.

Shinoda, K. et al. 2013. Ancient DNA Analyses of Human Skeletal Remains from the Gusuku Period in the Ryukyu Islands, Japan. *Bull. Ntl. Mus. Nat. Sci. Ser. D*, 39:1-8.

Shinoda, K. et al. 2012. Mitochondrial DNA polymorphisms in late Shell midden period skeletal remains excavated from two archaeological sites in Okinawa. *Bull. Ntl. Mus. Nat. Sci. Ser. D*, 38:51-61.

Shinoda, K. et al. 2013. Ancient DNA analysis of skeletal remains from the Gusuku period excavated from two archaeological sites in the Ryukyu Islands, Japan, *Bull. Ntl. Mus. Nat. Sci. Ser. D*, 39:1-8.

Shinoda, K., Adachi, N., 2017. Ancient DNA Analysis of Palaeolithic Ryukyu Islanders, In: terra australis 45, *New Perspectives in Southeast Asian and Pacific Prehistory*, 51-60. Australian National University Press.

Skoglund, P. et al. 2014. Genomic Diversity and Admixture Differs for Stone-Age Scandinavian Foragers and Farmers. *Science*, 344:747-750.

Skoglund, P. et al. 2015. Genetic evidence for two founding populations of the Americas. *Nature*, 525:104-108.

Soares, P. et al. 2011. Ancient Voyaging and Polynesian Origins. *Am. J. Hum. Genet.*, 88:239-247.

Starikovskaya, EB. et al. 2005. Mitochondrial DNA diversity in indigenous populations of the Southern extent of Siberia, and the origins of native American haplogroups. *Ann. Hum. Gent.*, 69:67-89.

Stoneking, M. and Delfin, F. 2010. The Human Genetic History of East Asia: Weaving a Complex Tapestry. *Curr. Biol.*, 20:R188-R193.

Stringer, C. and Galway-Witham, J. 2017. On the origin of our species. *Nature*, 546:212-214.

Tajima, A. et al. 2004. Genetic origins of the Ainu inferred from combined DNA analyses of maternal and paternal lineages. *J.*

*Hum. Genet.*, 49:187-193.

Tamm, E. et al 2007. Beringian Standstill and Spread of Native American Founders. *PLoS ONE*, 2:e829.

Tanaka, M. et al. 2004. Mitochondrial Genome Variation in Eastern Asia and the Peopling of Japan. *Genom. Res.*, 14:1832-1850.

Thangaraj, K. et al. 2003. Genetic affinities of the Andaman islanders, a vanishing human population. *Curr. Biol*, 13:86-93.

Thangaraj, K. et al. 2005. Reconstructing the Origin of Andaman Islanders. *Science*, 308:996.

Tishkoff, S.A. et al. 2007. Convergent adaptation of human lactase persistence in Africa and Europe. *Nature Genet.*, 39:31-40.

Tishkoff, S.A. et al. 2009. The Genetic Structure and History of Africans and African Americans. *Science*, 324:11035-1044.

Torroni, A. et al. 1993. Asian affinities and continental radiation of the four founding Native American mtDNAs. *Am. J. Hum. Genet.*, 53:563-590.

Torroni, A. et al. 2006. Harvesting the fruit of the human mtDNA tree. *TRENDS Genet.*, 22:339-345.

Umetsu, K. et al. 2001. Multiplex amplified product-length polymorphism analysis for rapid detection of human mitochondrial DNA variations. *Electrophoresis*, 22:3533-3538.

Umetsu, K. et al. 2005. Multiplex amplified product-length polymorphism analysis of 36 mitochondrial single-nucleotide polymorphisms for haplogrouping of East Asian populations. *Electrophoresis*, 26, 91-98.

Underhill, P.A. et al. 2000. Y chromosome sequence variation and the history of human populations. *Nature Genet.*, 26:358-361.

Veeramah, K.R. et al. 2011. An Early Divergence of KhoeSan Ancestors from Those of Other Modern Humans Is Supported by an ABC-Based Analysis of Autosomal Resequencing Data. *Mol. Biol. Evol.*, 29:617-630.

Vernot, B. and Akey, J. M. 2014. Resurrecting Surviving Neandertal Lineages from Modern Human Genomes. *Science*, 343:1017-1021.

Wall, J.D. et al. 2013. Higher Levels of Neanderthal Ancestry in East Asians than in Europeans. *Genetics*, 194:199-209.

Wang, S. et al. 2007. Genetic variation and population structure in Native Americans. *PLoS Genet.*, 3: e185.

White, T. 2003. Pleistocene Homo sapiens from Middle Awash, Ethiopia. *Nature*, 423,:742-747.

Yamaguchi-Kabata, Y. et al. 2008. Japanese Population Structure, Based on SNP Genotypes from 7003 Individuals Compared to Other Ethnic Groups: Effects on Population-Based Association Studies. *Am. J. Hum. Genet.*, 83:445-456.

Yao, Y-G. et al. 2002. Phylogeographic differentiation of mitochondrial DNA in Han Chinese. *Am. J. Hum. Genet.*, 70:635-651.

Zhong, H. et al. 2010. Extended Y Chromosome Investigation Suggests Postglacial Migrations of Modern Humans into East Asia via the Northern Route. *Mol. Biol. Evol.*, 28:717-727.

## あとがき

冒頭でも紹介しましたが、本書は2007年に出版したNHKブックス『日本人になった祖先たち』の改訂版です。前書はおかげさまで評判も良く、この種類の著作としては異例のロングセラーとなりました。しかし、この分野の発展は速く、読み返してみると明らかに時代遅れの記述が目立つようになりました。そこで今回改訂版を出すことにしたのですが、実際に作業を始めてみると部分的な訂正ではとても間に合わず、多くの部分を新たに書き直すことになりました。特に2010年以降の古代ゲノム研究の進歩によって、それ以前の研究とは比べものにならないほど精緻な人類拡散のシナリオが描かれるようになったため、古人骨のDNA分析の結果を解説した部分はほとんど書き替えています。前書で使用した古代人のDNA分析データも、新たな実験手法でやり直していないものについては採用しないことにしました。ですから用いたデータはほとんどが前書の執筆後に収集したものになっています。

文中にも書きましたが、古代人のデータが揃ってくると、日本人の起源に関する定説だった二重構造説では日本列島集団の成立の歴史を正確に説明するのが難しいことが明らかになってきました。そこで本書では、列島集団の統一的な成立史を描くことをあきらめて、地域に分けた記載をすることにしました。まだ解説すべきことも多いのですが、入門的な性格を持つ本書ではそこまで紙面を割くことができませんでした。これについては改めて別の著作で紹介したいと思います。

古代ゲノムの分析には多くの研究者と莫大な費用を必要とします。その結果、この分野の研究が進んでいるヨーロッパの研究室から出版される論文を見ると、共著者が100名を超えるものも珍しくなくなりました。巨大な研究室を組織し、それを維持するための莫大な研究費を獲得しないと、論文を出すこともできないのです。残念ながら日本では、このような体制を作ることはできていないので、日本人の起源に関する研究はヨーロッパやアメリカほど進んでいるわけではありません。ですから日本人の起源に関しては、まだまだ不明の部分が残っています。しかし幸いなことに、今年度（平成30年度）より、文部科学省の大型科学研究費（「ゲノム配列を核としたヤポネシア人の起源と成立の解明」代表：斎藤成也国立遺伝学研究所教授）が採択されました。私たちの研究室のメンバーもこれに参加しており、日本の古代人ゲノムの研究を続けることができるようになりました。研究が終了する5年後には新たな日本人起源論を提示できることと思います。

なお、本書のなかの日本人の起源に関する内容の大部分は、国立科学博物館の神澤秀明研究員、山梨大学医学部の安達登教授、角田恒雄助教との共同研究によって得られたデータが元になっています。彼らの協力なしには研究を進めることはできませんでした。ここに記して感謝したいと思います。また、出版に際しては、ＮＨＫブックスの倉園哲さんと向坂好生さんに大変お世話になりました。

前作のあとがきにも書きましたが、講演会などで聴衆からさまざまな質問を受けたことは、皆さんが私の話をどのように理解したのかを知る良い機会になりましたし、説明をどのように組み立てるべきなのかということを考える良い材料になりました。さまざまな貴重なご意見を頂いた皆さんに、感謝の意を表したいと思います。

そして本書の完成にもっとも重要な貢献をしたのは、貴重なＤＮＡデータを提供して頂いた、かつて日本列島に生活し、亡くなった皆さんだということを強調しておきます。私たちは彼らの遺骨からメッセージの一部を読みとったにすぎませんが、そこから組み立てられた日本人の物語は、今を生きる私たちに多くの示唆を与えるものになったと思います。最後にそのことに感謝して筆をおきます。

二〇一九年二月

篠田謙一

**篠田謙一**（しのだ・けんいち）
1955年静岡県生まれ。京都大学理学部卒業。博士（医学）。佐賀医科大学助教授を経て、現在、国立科学博物館長。専門は分子人類学。日本及び周辺諸国の遺跡出土人骨のDNA分析を通して日本人の起源とアジア集団の成立史の解明を目指している。また南米アンデスの古代文明の変遷と集団の関係についての研究も行っている。
著書に『DNAで語る　日本人起源論』、『江戸の骨は語る――甦った宣教師シドッチのDNA』（ともに岩波書店）、『人類の起源――古代DNAが語るホモ・サピエンスの「大いなる旅」』（中公新書）など。

**NHK** *BOOKS* 1255

**新版　日本人になった祖先たち**
**DNAが解明する多元的構造**

2019年 3 月20日　第 1 刷発行
2025年 4 月15日　第10刷発行

著　者　**篠田謙一**　
発行者　**江口貴之**
発行所　**NHK出版**
東京都渋谷区宇田川町10−3　郵便番号150−0042
電話 0570−009−321（問い合わせ）　0570−000−321（注文）
ホームページ　https://www.nhk-book.co.jp
装幀者　**水戸部 功**
印　刷　**三秀舎・近代美術**
製　本　**二葉製本**

Printed in Japan　ISBN978-4-14-091255-3 C1345

# NHK BOOKS

## *自然科学



※在庫品切れの際はご容赦下さい。

NHK BOOKS

## *地誌・民族・民俗

森林飽和―国土の変貌を考える― 太田猛彦
声と文字の人類学 出口 顯

## *社会

嗤う日本の「ナショナリズム」 北田暁大
社会学入門―〈多元化する時代〉をどう捉えるか― 稲葉振一郎
ウェブ社会の思想―〈遍在する私〉をどう生きるか― 鈴木謙介
ウェブ社会のゆくえ―〈多孔化〉した現実のなかで― 鈴木謙介
現代日本の転機―「自由」と「安定」のジレンマ― 高原基彰
希望論―2010年代の文化と社会― 宇野常寛・濱野智史
団地の空間政治学 原 武史
図説 日本のメディア［新版］―伝統メディアはネットでどう変わるか― 藤竹 暁／竹下俊郎
情報社会の情念―クリエイティブの条件を問う― 黒瀬陽平
日本人の行動パターン ルース・ベネディクト
現代日本人の意識構造［第九版］ NHK放送文化研究所 編
争わない社会―「開かれた依存関係」をつくる― 佐藤 仁

※在庫品切れの際はご容赦下さい。

# NHK BOOKS

## ＊歴史（Ⅰ）

「明治」という国家［新装版］　司馬遼太郎
「昭和」という国家　司馬遼太郎
日本文明と近代西洋―「鎖国」再考―　川勝平太
戦場の精神史―武士道という幻影―　佐伯真一
古文書はいかに歴史を描くのか―フィールドワークがつなぐ過去と未来―　白水　智
関ケ原前夜―西軍大名たちの戦い―　光成準治
天孫降臨の夢―藤原不比等のプロジェクト―　大山誠一
親鸞再考―僧にあらず、俗にあらず―　松尾剛次
山県有朋と明治国家　井上寿一
歴史をみる眼　堀米庸三
天皇のページェント―近代日本の歴史民族誌から―　T・フジタニ
江戸日本の転換点―水田の激増は何をもたらしたか―　武井弘一
外務官僚たちの太平洋戦争　佐藤元英
天智朝と東アジア―唐の支配から律令国家へ―　中村修也
英語と日本軍―知られざる外国語教育史―　江利川春雄
象徴天皇制の成立―昭和天皇と宮中の「葛藤」―　茶谷誠一
維新史再考―公議・王政から集権・脱身分化へ―　三谷　博
壱人両名―江戸日本の知られざる二重身分―　尾脇秀和
戦争をいかに語り継ぐか―「映像」と「証言」から考える戦後史―　水島久光
「修養」の日本近代―自分磨きの150年をたどる―　大澤絢子
語られざる占領下日本―公職追放から「保守本流」へ―　小宮　京
「幕府」とは何か―武家政権の正当性―　東島　誠
「憲政常道」の近代日本―戦前の民主化を問う―　村井良太

## ＊歴史（Ⅱ）

フランス革命を生きた「テロリスト」―ルカルパンティエの生涯―　遅塚忠躬
文明を変えた植物たち―コロンブスが遺した種子―　酒井伸雄
ローマ史再考―なぜ「首都」コンスタンティノープルが生まれたのか―　田中　創
グローバル・ヒストリーとしての独仏戦争―ビスマルク外交を海から捉えなおす―　飯田洋介
アンコール王朝興亡史　石澤良昭
シィエスのフランス革命―「過激中道派」の誕生―　山﨑耕一

※在庫品切れの際はご容赦下さい。